A Relatividade e a Energia Encerrada na Matéria

Luiz Roberto Evangelista

Copyright © 2021 Luiz Roberto Evangelista

Copying prohibited

All rights reserved. No part of this publication may be reproduced or transmitted in any form or by any means, electronic or mechanical, including photocopying and recording, or by any information storage or retrieval system, without the prior written permission of the publisher.

ISBN: 9798743848225

Published by the Author

In memoriam
ARDITO TRASSI (1905 – 1969)
LEONILDA MESTI (1907 – 1972)
LUIZA ROGATTO (1900 – 1957)
NICOLA EVANGELISTA (1899 – 1999)
NELSON ANTONIAZI (1930 – 2014)

Φύσις κρύπτεσθαι φιλεῖ.[1]
Heráclito, DK 22 B 123

QUAL È 'L GEOMÈTRA CHE TUTTO S'AFFIGE
PER MISURAR LO CERCHIO, E NON RITROVA,
PENSANDO, QUEL PRINCIPIO OND'ELLI INDIGE,
TAL ERO IO A QUELLA VISTA NOVA[2].
Dante, Paradiso **XXXIII**, *133-136.*

---

[1] A natureza ama esconder-se.
[2] Qual geômetra que, com fé segura, volta a medir o círculo, se não lhe acha o princípio que ele em vão procura. D. Alighieri, *Divina Comédia* (Editora 34, São Paulo, 2014), trad. Italo Eugenio Mauro.

Conteúdo

Prólogo   7

1 L'*Annus Mirabilis*   11
    1.1   Os *Quanta* de Luz   13
    1.2   O Átomo e o Movimento Browniano   17
    1.3   A Teoria da Relatividade Especial   27
    1.4   Inércia e Energia   39

2 As Leis de Conservação da Massa e da Energia   45
    2.1   A Lei de Conservação da Massa   45
    2.2   A Descoberta da Conservação da Energia   51

3 A Equivalência Massa-Energia   81
    3.1   Massa Inercial   81
    3.2   A Velocidade da Luz   87
    3.3 $E = mc^2$: o Conteúdo Energético do Universo . .   92
    3.4   A Equação que Mudou o Mundo?   105

Epílogo   109

Agradecimentos   113

Índice   117

Prólogo

Este texto é dedicado a um olhar geral sobre as obras publicadas por Albert Einstein no seu *annus mirabilis* de 1905, com uma atenção mais concentrada sobre o trabalho que deu origem à equação $E = mc^2$.

A famosa equação da equivalência massa – energia fazia parte do quinto trabalho escrito por Einstein naquele ano (um dos trabalhos seria publicado em 1906) e foi apresentada na forma $L = mV^2$, em que L indicava a energia, m indicava a massa e V, a velocidade da luz no vácuo.

O ponto de partida destas reflexões foi um convite, feito a mim pelo diretor do *Centro Studi Molisano* (Centro de Estudos Molisano), de Campobasso, na Itália, o Professor Giuseppe Reale. Ele me propôs um encontro com o tema "Albert Einstein e a equação que mudou o mundo", em forma de uma conversa bem geral com os sócios do Centro e com todos os demais interessados. O evento foi organizado com o apoio da *Associazione Logo1*, sob a direção da Dra. Maria Incoronata Fredella.

A temática proposta se inspirou no título do livro de David Bodanis – um escritor de divulgação científica norte-americano – que trata de uma "biografia" dessa famosíssima fórmula[3]. Depois de ler

---

[3] D. Bodanis, $E = mc^2$: *A Biography of the World's Most Famous Equation* (Walker Publishing Company, New York, 2000). Em português: $E = mc^2$: *Uma biografia*

o livro, que eu não conhecia, veio-me a dúvida sobre se eu poderia dizer alguma coisa que já não tivesse sido tratada no competente livro de Bodanis.

Aceitando o convite como um desafio – e lembrando-me sempre de que o público-alvo seriam os cidadãos de Campobasso, dos quais pouquíssimos se ocupam profissionalmente de física –, decidi seguir uma linha que apontava mais para os feitos daquele ano extraordinário, que assistiu à formulação, por Einstein, de três dos seus trabalhos mais relevantes, dentre os quais o mais conhecido é o da teoria da relatividade.

Além disso, a escolha do argumento me permitiria continuar uma discussão iniciada no final do ano precedente, quando, sempre em Campobasso, eu falei aos estudantes do *Liceo Classico Mario Pagano* (Liceu Clássico Mário Pagano) sobre os cem anos da relatividade geral. Pensei, então, que, voltando a Campobasso, eu teria a oportunidade de aprofundar a temática dedicada à obra de Einstein, mesmo cultivando dúvidas muito sérias acerca de quais palavras novas eu poderia acrescentar sobre Einstein, que ainda não tivessem sido escritas no último século.

Não consultei mais o livro de Bodanis, do qual eu tomei somente a inspiração para discutir com certos detalhes, mas sempre do meu jeito, as ideias que formam a base dos termos que comparecem na equação, a saber: a energia, a massa e a velocidade da luz.

Para completar a análise dos conceitos presentes na equação, servi-me de um estudo publicado anteriormente por mim em português, abordando a lei de conservação da massa e investigando a descoberta da lei de conservação da energia, que são parte de uma obra mais geral, dedicada à história da física[4].

Nos últimos anos, fui o responsável pela disciplina de Física Moderna I e História da Física Moderna, na Universidade Estadual de Maringá, e vali-me da oportunidade para revisar o texto e

---

da equação que mudou o mundo e o que ela significa (Ediouro, Rio de Janeiro, 2001), trad. Vera de Paula Assis.

[4] L. R. Evangelista, *Perspectivas em História da Física – Vol. 2 – Da Física dos Gases à Mecânica Estatística* (Livraria da Física, São Paulo, 2014).

atualizá-lo, contando com a ajuda de alguns estudantes atenciosos e de suas argutas sugestões.

O modesto resultado final é aquele que ora apresento aos leitores.

Inicialmente, os trabalhos do ano admirável de Einstein serão discutidos com um certo detalhe técnico, mas de forma sintética, pensando sempre em uma audiência mais geral, composta de pessoas sem formação científica específica; seguir-se-á uma breve incursão histórica pelas leis de conservação da massa e da energia, que prepara o terreno para a apresentação da equação que estabelece a equivalência massa – energia, tratada na última parte do texto.

Nessa parte final, invocar-se-á o conceito clássico de massa inercial; algumas ideias sobre a natureza da luz e as medidas de sua velocidade precederão uma discussão mais detalhada dedicada ao "conteúdo energético do Universo", desvelado pela fórmula de Einstein.

A equação de Einstein nos permite calcular a energia que pode ser liberada nos processos químicos e nucleares, como a fissão e a fusão, e assim também a energia liberada por uma bomba – como dá testemunho a catástrofe nuclear de Hiroshima e Nagasaki, em agosto de 1945, que ainda queima na consciência do mundo. Por isso, é comum pensá-la como a equação que mudou o mundo.

Mas a equação mudou também o nosso modo de compreender o significado mais profundo das palavras energia e massa.

A equivalência massa – energia explicitada por ela nos permite, ou melhor ainda, nos autoriza a afrontar os dois princípios – o da conversação da massa e o da conservação da energia – como um único princípio de conservação: o da massa – energia, porque essas duas quantidades são, agora, conversíveis uma na outra, e o fator de conversão é o quadrado da velocidade da luz no vácuo.

Maringá, 18 de abril de 2021.
No 66° aniversário da morte de Albert Einstein.

1

L'Annus Mirabilis

O ano de 1905 é chamado de *annus mirabilis* de Albert Einstein (1879 – 1955). Em um *tour de force* dificilmente comparável na história da ciência, ele publicou diversos trabalhos científicos que mudaram radicalmente o panorama do pensamento em algumas áreas da física, com notáveis consequências também sobre outros setores do conhecimento humano.

Todos esses trabalhos foram publicados no periódico alemão *Annalen der Physik*, um dos mais antigos jornais especializados no campo da física, publicado com diversos nomes desde 1799 (*Annalen der Physik, Annalen der Physik und der physikalischen Chemie, Annalen der Physik und Chemie, Poggendorf's Annalen, Wiedemann's Annalen der Physik und Chemie*, etc.), e, naquele tempo, uma revista de referência no campo científico.

Essa mesma revista assistiu a um ulterior incremento no seu prestígio, justamente depois do ano de 1905, graças a esses trabalhos de Einstein.

Uma carta de grande valor histórico, que Einstein escreveu ao seu amigo Conrad Habicht (1876 – 1958) no final do mês de maio, antecipa quais seriam as suas contribuições em gestação naquele período[1]:

> Eu te prometo quatro artigos, o primeiro [...] dedicado à radiação e às propriedades energéticas da luz e é muito revolucionário; como vês, [...]. O segundo artigo é uma determinação da verdadeira dimensão dos átomos por conta da difusão e da fricção interna de soluções líquidas diluídas de substâncias neutras. O terceiro prova que, com base na teoria molecular do calor, partículas da ordem de grandeza de 1/1000 de milímetro suspensas em líquidos devem realizar um movimento desordenado observável, causado pelo movimento térmico. Movimentos de corpos pequenos inanimados suspensos foram observados pelos fisiologistas e são chamados por eles de "movimento browniano molecular". O quarto artigo se encontra em redação e é dedicado à eletrodinâmica dos corpos em movimento, aplicando uma modificação da teoria do espaço e do tempo; a parte puramente cinemática é certamente do teu interesse.

O primeiro trabalho estabelece a realidade dos *quanta* de luz (que nós agora conhecemos como fótons); o segundo trabalho forma a base da tese de doutoramento de Einstein; o terceiro prova definitivamente a existência dos átomos; o quarto, por fim, apresenta a base da teoria da relatividade, mudando drasticamente os nossos conceitos de espaço e tempo.

O conjunto desses quatro trabalhos reformulou os princípios da mecânica e do eletromagnetismo, redefiniu a natureza da luz e explorou a dinâmica atômica e molecular. Os trabalhos estão na origem da teoria da relatividade, da mecânica quântica, da teoria quântica de campos e da mecânica estatística, que são, como sabemos, os fundamentos da física contemporânea.

Antes de explorarmos as consequências do seu quinto artigo de 1905 – um pequeno trabalho que parece ser uma continuação do primeiro deles dedicado à relatividade – no qual comparece a equação $E = mc^2$ (não escrita nessa forma), olharemos mais de perto, ainda que de maneira resumida, o conteúdo e o sentido geral de cada um desses artigos fundamentais para a história da ciência.

---

[1] C. Seelig, *Albert Einstein: A Documentary Biography* (Staples Press, London, 1956), translated by Mervyn Savill.

1.1 Os *Quanta* de Luz

O primeiro desses artigos – o chamado artigo de março – se intitula *Sobre um ponto de vista heurístico concernente à produção e transformação da luz*[2] e propõe que a luz seja formada por partículas muito pequenas, que são os *quanta*[3].

É muito comum identificar esse trabalho como aquele do efeito fotoelétrico, tendo-se a impressão de que o seu escopo principal fosse o de explicar, justamente, o efeito. Entretanto, o trabalho é dedicado ao problema da radiação de corpo negro. Somente no final do artigo, depois de ter discutido a radiação de corpo negro, essa é usada como possível explicação de três experimentos, um dos quais é o efeito fotoelétrico.

O artigo é também uma síntese de algumas teorias e ideias correntes naquele momento, como o eletromagnetismo e o conceito de éter, e usa novos conceitos provenientes da termodinâmica e da mecânica estatística.

Segundo Einstein, a energia (da luz) não está distribuída continuamente nos espaços, mas consiste de um certo número finito de *quanta* de energia, que estão localizados nos pontos do espaço, que se movem e não se dividem, e que podem ser absorvidos ou gerados por inteiro: o processo de absorção ou emissão acontece com um número inteiro de *quanta* de cada vez.

A análise da radiação de corpo negro levou Einstein a considerar como natural que a radiação fosse composta de um certo número de *quanta* de energia $E = h\nu$, em que h é a constante de Planck e ν a frequência da radiação. A radiação de corpo negro não tem uma componente única de frequência (uma cor única) mas, ao contrário, é um conjunto de diferentes frequências ou comprimentos de onda. Assim, a uma certa temperatura, pode haver mais energia radiante em um certo grupo de comprimentos de onda do que em outro.

O efeito fotoelétrico foi descoberto por Heinrich Rudolf Hertz (1857 – 1894), em 1887, quando a sua atenção foi concentrada em

---

[2] A. Einstein, *Über einen die Erzeugung und Verwandlung des Lichtes betreffenden heuristischen Gesichtspunkt*, Annalen der Physik **17**, 132-148 (1905).

[3] Plural latino da palavra *quantum*.

um efeito periférico que ele observou enquanto investigava a natureza das ondas eletromagnéticas; então, descobriu que a luz pode produzir centelhas elétricas. Iluminando a superfície de um metal com a luz de um arco voltaico – usado nos seus experimentos com as ondas eletromagnéticas – , Hertz observou essas centelhas.

Wilhelm Hallwachs (1859 – 1922), em Dresden, em 1887, demonstrou que a irradiação com luz ultravioleta age de modo que uma placa condutora adquira uma carga positiva.

Em 1889, foi sugerido que a luz ultravioleta podia fazer surgirem grânulos metálicos a partir dos metais iluminados. Diversos autores, entre eles o bolonhês Augusto Righi (1850 – 1920), esclareceram que o fenômeno tinha a ver com a emissão de corpúsculos carregados negativamente[4].

Dez anos depois, Joseph John Thomson (1856 – 1940) afirmou que o efeito fotoelétrico induzido pela luz ultravioleta consistia na emissão de elétrons: são os chamados *raios catódicos*.

Em 1902, Phillip Lennard (1862-1947) descobriu que a energia do elétron que era emitido pela superfície do metal não dependia da intensidade da radiação incidente.

Quando Einstein afrontou o problema em 1905, diversas características do efeito fotoelétrico eram conhecidas. Algumas delas são:

1. quando a luz incide sobre o metal, os elétrons são emitidos umas vezes sim, outras não;

2. a luz intensa (brilhante) incidindo sobre o metal faz com que mais elétrons sejam expelidos do que quando incide uma luz menos brilhante;

3. a intensidade da luz não influi na energia dos elétrons que são emitidos;

4. para um dado metal iluminado por uma determinada luz, a energia cinética dos elétrons nunca é maior do que um certo valor máximo.

---

[4]S. Bergia, *Einstein - Quanti e relatività, una svolta nella fisica teorica* (Le Scienze, Roma, 2013), p. 50.

O fato de a energia dos elétrons depender da frequência da luz e não da intensidade é um dos fenômenos mais estranhos para a teoria ondulatória clássica.

Era esperado, com efeito, que quanto mais intensa fosse a luz incidente, mais energéticos fossem os elétrons emitidos pelo metal. Ao invés disso, porém, a intensidade da luz determina somente o número dos elétrons emitidos, mas não as suas energias.

A solução proposta por Einstein foi tal que a energia máxima dos elétrons que deixam o metal é determinada pela equação simples:

$$E_{\max} = h\nu - P,$$

em que P é chamada de *função de trabalho* do metal.

O *quantum* de luz, de energia $h\nu$, absorvido pelo elétron no metal é diminuído pelo trabalho P, quantidade necessária para fazê-lo "escapar" do metal. A diferença na energia é aquela que se encontra sob a forma de energia cinética. A energia cinética dos elétrons cresce linearmente com a frequência da radiação incidente, um fato que não depende da substância utilizada.

Einstein enfatizou a entropia da radiação de corpo negro, e com os seus raciocínios mostrou a independência dos *quanta* de radiação[5]. Considera-se, muito justamente, que esse trabalho contribuiu de maneira decisiva também para o desenvolvimento daquele ramo da física chamado de mecânica estatística.

A reação da comunidade científica aos *quanta* de luz não foi das melhores.

Entre os opositores dessa ideia do *quantum* de luz estão Max von Laue (1879-1960), Prêmio Nobel de física de 1914, pela descoberta da difração de raios X, que sustentava que a radiação deveria ser de natureza contínua, e o próprio Max Planck (1858 – 1947), cujo trabalho sobre a radiação de corpo negro foi o ponto de partida do trabalho de Einstein (e que era também o editor dos *Annalen der Physik*, quando o trabalho de Einstein foi enviado), e muitos outros.

---

[5]R. E. Kennedy, *A Student's Guide to Einstein's Major Papers* (Oxford University Press, Oxford, 2012), p. 33.

Em 1907, Planck escreveu a Einstein manifestando as suas reservas sobre os *quanta*[6]:

> Não procuro o significado do *quantum* de ação (*quantum* de luz) no vácuo, mas sim nos lugares em que a absorção e a emissão ocorrem, e admito que aquilo que ocorre no vácuo seja rigorosamente descrito pelas equações de Maxwell.

Mais tarde, em 1913, quando Planck indicou Einstein para a Academia Prussiana de Ciências, também escreveu a respeito do *quantum* de luz[7]:

> Em suma, pode-se dizer que dificilmente haverá um entre os grandes problemas de que a física moderna é tão rica para o qual Einstein não tenha dado uma contribuição notável. O fato de, por vezes, ter errado o alvo em suas especulações, como, por exemplo, na sua hipótese dos *quanta* de luz, não pode ser esgrimido demais contra ele, pois não é possível introduzir ideias realmente novas, mesmo nas ciências mais exatas, sem algumas vezes correr riscos.

Essa oposição durará ainda até que em 1923 o trabalho de Arthur Holly Compton (1892 – 1962), sobre o efeito que é hoje conhecido por seu nome, reuniu claras evidências sobre a existência dos *quanta* de radiação.

Em 1926, Gilbert Newton Lewis (1875 – 1946) introduziu o termo "fóton" para o *quantum* de luz, e assim ele vem sendo denominado desde então.

Em 1922, Einstein recebeu o Prêmio Nobel de física de 1921 "[...] pelas contribuições à física teórica, em particular pela descoberta da lei do efeito fotoelétrico".

Durante a entrega do Prêmio, em dezembro de 1922, o químico Svante Arrhenius (1859 – 1957), Prêmio Nobel de química de 1903, que era o presidente do Comitê Nobel para a física, da Academia

---

[6]Carta de Max Planck a Einstein, de 06 de julho de 1907, R. E. Kennedy, *op. cit.*, p. 48.

[7]G. Kirsten and H. Körber, *Physiker über Physiker* (Akademie Verlag, Berlin, 1975), citado por A. Pais, *Subtle is the Lord* (Oxford University Press, Oxford, 1982).

Real de Ciências da Suécia, resumiu assim essa contribuição de Einstein[8]:

> A lei de Einstein do efeito fotoelétrico foi testada com extremo rigor pelo americano Millikan e os seus discípulos e superou brilhantemente o exame. Graças aos estudos de Einstein, a teoria quântica foi aperfeiçoada até a um alto grau, e uma extensa literatura cresceu nesse campo em que o valor extraordinário dessa teoria foi provado. A lei de Einstein tornou-se a base quantitativa da fotoquímica, assim como a lei de Faraday é a base da eletroquímica.

O artigo de Einstein foi recebido pela revista em 18 de março e foi publicado no dia 09 de junho de 1905.

1.2 O Átomo e o Movimento Browniano

Em 30 de abril de 1905, Einstein submeteu a sua tese de doutorado à Universidade de Zurique, com o título "Uma nova determinação das dimensões moleculares". Poucos dias depois, em 11 de maio, enviará aos *Annalen der Physik* o seu trabalho sobre o movimento browniano, cujo título é "Sobre o movimento de pequenas partículas suspensas em um líquido estacionário segundo a teoria cinética molecular do calor". O trabalho será publicado no dia 18 de julho[9].

Um dos primeiros cientistas a observar e a escrever sobre o movimento caótico das partículas em suspensão foi o botânico inglês Robert Brown (1773 – 1858), enquanto estudava uma suspensão aquosa do pólen da erva *Clarkia pulchella*. Em suspensão havia partículas microscópicas em movimento contínuo, casual, na forma de um movimento em zigzag.

O trabalho de Brown foi precedido pelas observações feitas por John T. Needham (1713 – 1781) e Wilhelm Friedrich von Gleichen (1717 – 1783), mas foi ele o primeiro a desenvolver um estudo mais

---

[8] Nobel Lectures, *Physics 1901-1921* (Elsevier, Amsterdam, 1967).
[9] A. Einstein, *Über die von der molekularkinetischen Theorie der Wärme geforderte Bewegung von in ruhenden Flüssigkeiten suspendierten Teilchen*, Annalen der Physik **17**, 549 (1905).

detalhado do fenômeno, provando que é uma característica de todas as partículas microscópicas, e que não é devido ao fato de elas serem eventualmente seres vivos, como pensou inicialmente.

A primeira observação documentada desse fenômeno é muito mais antiga, porém, e foi apresentada pelo poeta romano Tito Lucrécio Caro (94 a.C. – 50 a.C.), em um trecho muito bonito de seu magnífico poema *De rerum natura*.

No Livro II, Lucrécio antecipa uma descrição quase que moderna desse movimento caótico que seria estudado experimentalmente cerca de vinte séculos depois, e que é denominado, justamente, de "movimento browniano". O trecho é um pouco longo mas também muito eloquente[10]:

> Observa toda vez que um raio de sol se introduz expandindo o seu feixe de luz na obscuridade de nossas casas: verás uma multidão de corpos minúsculos misturando-se de mil maneiras nesse feixe dos raios de luz e, como que ocupados em uma luta interna, entregarem-se aos combates, batalhas, guerreando em esquadra, sem repouso, agitados por encontros e separações inumeráveis: tu poderás imaginar imediatamente que coisa é a eterna agitação dos corpos primeiros no vazio imenso; mesmo assim, um pequeno fato pode fornecer-nos um modelo maior e introduzir-nos na pista verdadeira para a sua compreensão. Outra razão para observar com mais atenção esses corpos que vês agitarem-se em desordem nos raios do sol é que tais agitações nos revelam os movimentos secretos, invisíveis, dissimulados no fundo da matéria. Muitas vezes verás muitos desses pequenos grãos de poeira, sob o impulso de choques invisíveis, mudarem o seu caminho e, repelidos, inverterem a sua marcha, aqui, ali, em todos os lugares, em todas as direções. Esta marcha errática provém toda dos átomos. Os princípios são os primeiros a moverem-se, depois os menores dos corpos compostos, mas pela sua força os mais próximos dos átomos, sob os choques invisíveis daqueles, movem-se, pondo-se em marcha; por sua vez deslocam-se

---

[10]Titus Lucretius Carus, *De rerum natura*, Liber II, 125-140. Texto latino disponível em http://www.thelatinlibrary.com/lucretius.html. A tradução livre apresentada aqui é minha.

um pouco também os maiores. Dos átomos, o movimento se eleva atingindo pouco a pouco os nossos sentidos, e terminam por atingir aquelas partículas que percebemos nos raios do sol: mas os choques que produzem o movimento permanecem invisíveis para nós.

É claro que nessa "física" dos atomistas, o foco é a existência dos átomos, de uma estrutura granular da matéria.

O Universo, a totalidade de tudo aquilo que existe, sob esse ponto de vista, é um conjunto infinito de matéria descontínua, eterna e imperecível no espaço vazio.

No final do século XIX, apesar de a teoria atômica dos gregos se tornar quantitativa depois do trabalho de John Dalton (1766 – 1844), a existência material dos átomos era ainda muito discutida, como testemunha o debate entre a concepção "atomística", defendida de maneira feroz por Ludwig Boltzmann (1844 – 1906), de um lado, e a concepção dos "energetistas", de outro, defendida pelo químico William Ostwald (1853 – 1932) e pelo físico Ernst Mach (1838 – 1916).

Os últimos combatiam o uso dos modelos atômicos em física, sustentando que o propósito fundamental da ciência era a chamada "economia de pensamento" na descrição dos fenômenos físicos, e não a tentativa de explicar em termos de átomos e éter[11].

O energetismo tinha como escopo desenvolver uma ciência superior, a energética – termo cunhado por Rankine – que unificaria as diversas ciências particulares[12].

Para Duhem, a termodinâmica generalizada seria o fundamento da teoria física, de modo que a química e a física, incluindo a mecânica, a eletricidade e o magnetismo, seriam deriváveis dos princípios fundamentais da termodinâmica.

Representativa dessa convicção é a escolha do título de sua obra dedicada a essas concepções: *Traité d'énergétique ou de Thermodynamique générale* (Tratado de energética ou de termodinâmica geral)[13].

---

[11] S. G. Brush, in L. Boltzmann, *Lectures on Gas Theory*, (Dover Publishing Company, New York, 1995), p. 13.

[12] Para uma exposição mais detalhada, veja-se L. R. Evangelista, *Perspectivas em História da Física – Volume II - Da Física dos Gases à Mecânica Estatística* (Livraria da Física, São Paulo, 2014).

[13] P. Duhem, *Traité d'énergétique ou de Thermodynamique générale* (Gauthier-Villars,

Na introdução da obra, uma crítica à visão mecanicista é claramente apresentada, e os objetivos do trabalho apontam numa direção em que a mecânica racional teria um papel cada vez menor na descrição das propriedades físicas. Segundo Duhem[14]:

> A redução de todas as propriedades físicas a combinações de figuras e de movimentos ou, segundo a denominação em uso, *a explicação mecânica do Universo*, parece hoje condenada [...] Nós vamos então tentar formular o corpo das leis gerais às quais devem obedecer todas as propriedades físicas, sem supor a priori que essas propriedades sejam todas redutíveis à figura geométrica e ao movimento local. O corpo dessas leis gerais não se reduzirá, portanto, à mecânica racional (destacado no original).

Outro expoente do energetismo, o já mencionado Wilhelm Ostwald – que ganharia o Prêmio Nobel de química em 1909 –, apresentou as suas ideias em duas obras, *Die Energie* (A energia)[15] e *Der energetische Imperativ* (O imperativo energético)[16], além de outros escritos.

Também ele desejava diminuir ou acabar com o que eles supunham ser um domínio exercido pela mecânica racional sobre o resto das ciências.

Para Ostwald, a trajetória da ciência do século XIX estava marcada pelas distintas formulações do princípio de conservação da energia, que ampliaram sobremaneira a sua generalidade. Segundo ele, o energetismo teria começado com Leibniz e atingido um ponto alto na obra de Mayer.

As opiniões de Ostwald a respeito do papel dessa nova "teoria" eram extremadas, já que ele chegou até mesmo a afirmar que "a energia constitui o motor imóvel da mobilidade dos fenômenos e simultaneamente a força impulsora que faz mover o mundo dos fenômenos"[17].

Paris, 1911).

[14] P. Duhem, *op. cit.*, p. 2.

[15] W. Ostwald, *Die Energie* (Barth, Leipzig, 1908).

[16] W. Ostwald, *Der energetische Imperativ* (Akademische Verlag, Leipzig, 1912).

[17] Citado por F. J. O. Ordóñez Rodríguez, in L. Boltzmann, *Escritos de Mecánica y Termodinámica* (Alianza Editorial, Madrid, 1986), p. 37.

É precisamente depois da efervescência desse debate que surgiram as primeiras teorias quantitativas sobre o movimento browniano.

A primeira foi desenvolvida independentemente por Einstein, em 1905, como veremos rapidamente agora, seguida daquela proposta pelo polonês Marian von Smoluchowski (1872-1917) e por um outro tipo de proposta, apresentada pelo francês Paul Langevin (1872 – 1946), ambas em 1906.

Há uma série de três trabalhos dedicados à mecânica estatística, que Einstein escreveu entre os anos de 1902 e 1904, nos quais apresentou uma mudança de perspectiva sobre o trabalho de Boltzmann. Trata-se de estudos sobre os fundamentos da mecânica estatística[18].

Os artigos são *Kinetische Theorie des Wärmegleichgewichtes und des zweiten Haupsatzes der Thermodynamik* (Teoria cinética de equilíbrio térmico e a segunda lei da termodinâmica)[19], em que trata das definições de temperatura e entropia em condições de equilíbrio térmico e do teorema da equipartição. O segundo trabalho se intitula *Eine Theorie der Grundlagen der Thermodynamik* (Uma teoria dos fundamentos da termodinâmica)[20], em que se ocupa dos problemas da irreversibilidade. O terceiro é *Zu allgemeinen moleculares Theorie der Wärme* (Por uma teoria molecular geral do calor)[21], em que trata das flutuações e dos novos processos para determinar a constante de Boltzmann.

Em linhas gerais, ele desejava usar a mecânica estatística para provar a estrutura molecular da matéria. Por esse motivo, centrou sua atenção nas flutuações em torno do equilíbrio (negligenciadas por Boltzmann e ignoradas por Planck). Ele ainda retomou a primitiva interpretação de Boltzmann para a probabilidade em termos de tempo de permanência do sistema naqueles estados, ligando-a agora à frequência temporal das flutuações desse mesmo sistema.

Nessa perspectiva, a constante k (chamada durante um certo

---

[18] A. Pais, *op. cit.*, p. 64.
[19] A. Einstein, Annalen der Physik **9**, 417 (1902).
[20] A. Einstein, Annalen der Physik **11**, 170 (1903).
[21] A. Einstein, Annalen der Physik **14**, 354 (1904).

tempo de constante de Planck, mas depois, justamente, de constante de Boltzmann, como a conhecemos) desempenha um papel fundamental e a sua determinação será um dos objetivos de Einstein.

Também esse trabalho sobre o movimento browniano foi mencionado por Einstein na sua carta ao amigo, quando fala de partículas "suspensas nos líquidos" que "devem realizar um movimento desordenado observável, causado pela agitação térmica".

A proposta geral do trabalho é delineada em seguida na introdução, em que podemos ler:

> Neste trabalho se mostrará que, segundo a teoria cinético-molecular do calor, corpos de dimensão macroscopicamente visível em suspensão em líquidos devem executar, em consequência da agitação térmica molecular, movimentos de amplitude tal que podem ser facilmente observáveis ao microscópio. É possível que os movimentos em discussão sejam idênticos ao chamado "movimento molecular browniano"; todavia, as informações à minha disposição concernentes a este último são tão carentes de precisão que eu não pude formar uma opinião a respeito. Se o movimento discutido aqui pode ser de fato observado (juntamente com as regularidades que se espera encontrar para ele), então a termodinâmica clássica não se pode mais tomar como exatamente válida para espaços de dimensões acessíveis ao microscópio e é então possível uma determinação exata das dimensões atômicas efetivas.

No trabalho se perseguem duas finalidades, dois objetivos estreitamente ligados, ou seja, a revelação efetiva das flutuações estatísticas e a busca dos fatos que tornassem o mais possivelmente certa a existência dos átomos de definidas dimensões finitas.

Um primeiro resultado impressionante exposto no trabalho se refere ao cálculo do coeficiente de difusão, D, da substância, na forma:

$$D = \frac{RT}{N}\frac{1}{6\pi\eta P}, \qquad (1.1)$$

na qual P é o raio da partícula esférica, η é o coeficiente de viscosidade do líquido que a circunda, R a já mencionada constante dos gases, T a temperatura absoluta e N rappresenta, segundo o próprio Einstein, "o número real de moléculas contidas em uma molécula-grama", ou seja, o número de Avogadro.

Numa seção subsequente do artigo, Einstein considera a relação entre o movimento irregular das partículas e o processo de difusão. Nesse sentido, o movimento browniano é descrito como um processo de difusão governado pela equação

$$\frac{\partial f(x,t)}{\partial t} = D\frac{\partial^2 f(x,t)}{\partial x^2}, \qquad (1.2)$$

no qual $f(x,t)$ é o número de partículas por unidade de volume em torno de x, no tempo t.

Para obter esta equação, Einstein considerou que cada partícula executasse um movimento que é independente do movimento das outras partículas. Ele introduziu um intervalo temporal, τ, que deve ser muito pequeno se comparado com o tempo de observação, mas que, mesmo assim, é de tal magnitude que os movimentos executados por uma partícula em dois intervalos consecutivos de tempo τ podem ser considerados como fenômenos mutuamente independentes, i.e., o movimento de uma partícula num dado intervalo não depende da história antes do intervalo considerado. Em termos mais técnicos, a difusão aqui seria um processo markoviano.

Recapitulemos a essência do argumento.

Se n denotar o número de partículas suspensas no líquido, em um intervalo de tempo τ, então a coordenada x de uma partícula crescerá de uma quantidade Δ. Assim, $\phi(\Delta)d\Delta$ pode ser a probabilidade de que uma partícula se desloque entre Δ e $\Delta + d\Delta$, durante o intervalo τ. Esta probabilidade está normalizada e é simétrica, ou seja,

$$\int_{-\infty}^{\infty} \phi(\Delta)d\Delta = 1, \quad \text{com} \quad \phi(\Delta) = \phi(-\Delta). \qquad (1.3)$$

O número de partículas por unidade de volume, $f(x,t)$, que estão localizadas entre dois planos perpendiculares ao eixo x, com abscissas x e $x + dx$, no instante de tempo $t + \tau$, será

$$\begin{aligned} f(x, t+\tau)dx &= dx \int_{-\infty}^{\infty} f(x+\Delta, t)\phi(\Delta)d\Delta \\ &\simeq \left(f(x,t) + \tau \frac{\partial f}{\partial t} \right) dx, \end{aligned}$$

em que a aproximação é possível porque τ é muito pequeno. Agora, $f(x + \Delta)$ no integrando do lado direito pode ser desenvolvida em série até os termos de segunda ordem em Δ, de modo que

$$f(x+\Delta, t) = f(x,t) + \Delta \frac{\partial f(x,t)}{\partial x} + \frac{\Delta^2}{2!} \frac{\partial^2 f(x,t)}{\partial x^2} + \cdots.$$

Assim,

$$\begin{aligned} f(x, t+\tau)dx &= f(x,t) \int_{-\infty}^{\infty} \phi(\Delta)d\Delta + \frac{\partial f}{\partial x} \int_{-\infty}^{\infty} \Delta \phi(\Delta)d\Delta \\ &+ \frac{\partial^2 f}{\partial x^2} \int_{-\infty}^{\infty} \frac{\Delta^2}{2} \phi(\Delta)d\Delta + \cdots. \end{aligned}$$

Usando-se (1.3), deduz-se que $\int_{-\infty}^{\infty} \Delta \phi(\Delta) d\Delta = 0$, pois $\phi(\Delta) = \phi(-\Delta)$ e, por conseguinte, que

$$\tau \frac{\partial f}{\partial t} = \frac{\partial^2 f}{\partial x^2} \int_{-\infty}^{\infty} \frac{\Delta^2}{2} \phi(\Delta) d\Delta. \quad (1.4)$$

Definindo D como o segundo momento da distribuição de probabilidade, a saber,

$$D = \frac{1}{2\tau} \int_{-\infty}^{\infty} \Delta^2 \phi(\Delta) d\Delta,$$

chega-se à equação de difusão na forma (1.2). Observa-se que esse resultado implica que a distribuição $\phi(\Delta)$ possua um segundo momento e, por conseguinte, que o chamado teorema central do limite seja satisfeito[22]. Admitindo-se que no instante $t = 0$ todas as partículas se encontrem na origem do sistema de coordenadas, a solução da Eq. (1.2) é

$$f(x,t) = \frac{n}{\sqrt{4\pi Dt}} e^{-x^2/4Dt}, \quad (1.5)$$

---

[22] Para detalhes, veja-se L. R. Evangelista and E. K. Lenzi, *Fractional Diffusion Equations and Anomalous Diffusion* (Cambridge University Press, Cambridge, 2018).

na qual $n = \int_{-\infty}^{\infty} f(x,t)dx$. O deslocamento quadrático médio pode ser escrito na forma

$$\langle (x - \langle x \rangle)^2 \rangle = \langle x^2 \rangle = \frac{1}{n} \int_{-\infty}^{\infty} x^2 f(x,t)dx = 2Dt, \quad (1.6)$$

ou, usando-se (1.1), como

$$\langle x^2 \rangle = \frac{RT}{N} \frac{1}{3\pi k P} t, \quad (1.7)$$

que é uma relação que pode ser usada para se determinar o número de Avogadro, já que em

$$N = \frac{RT}{\langle x^2 \rangle} \frac{1}{3\pi k P} t, \quad (1.8)$$

as quantidades $\langle x^2 \rangle$, t, P e k podem ser medidas. Ou seja, os valores dessas quantidades podem ser determinados experimentalmente e, assim, a expressão pode fornecer o valor experimental de N.

O físico francês, Jean Baptiste Perrin (1870 – 1942), Prêmio Nobel de física de 1926, "pelo seu trabalho sobre a estrutura descontínua da matéria, e especialmente pela sua descoberta do equilíbrio da sedimentação", reconheceu o papel crucial do movimento browniano na determinação da estrutura atômica da matéria[23]:

> É devido a Einstein e a Smoluchowski o fato de termos uma teoria cinética para o movimento browniano que pode ser verificada.

O trabalho de Perrin representou, de fato, um marco no estabelecimento da existência de átomos e moléculas do ponto de vista experimental[24]:

> Em poucas palavras, se moléculas e átomos existem, os seus pesos relativos são conhecidos por nós, e os seus pesos absolutos podem ser conhecidos do mesmo modo como o número de Avogadro.

---

[23] J. B. Perrin, *Discontinuous Structure of Matter*, Nobel Lectures, Physics 1922 – 1941 (Elsevier, Amsterdam, 1965).

[24] *Ibidem*.

Em uma série de experimentos, Perrin conseguiu medir o número de Avogadro de acordo com as predições de Einstein e, segundo ele mesmo, uma "estimativa grosseira" de seus resultados forneceu $N \simeq 64 \times 10^{22}$ moléculas/mol.

O número usado em nossos dias é $N = 6,022 \times 10^{23}$/mol – um número colossalmente grande!

Para se ter uma ideia de quão grande ele é, imagine que dissolvamos um copo de 0, 5 l de água no oceano e que, por algum meio impensável, consigamos mexer muito bem até se conseguir uma mistura bem homogênea (ou então esperemos um tempo muito longo). Depois, viajamos para o outro lado da Terra e retiramos um copo de água do oceano. Quantas moléculas do copo original de água serão encontradas?

Uma estimativa razoável aponta cerca de dez mil moléculas!

Esta não foi a primeira determinação do número de Avogadro (e não seria, evidentemente, a última). Em 1865, Joseph Loschmidt (1821 – 1895), grande amigo de Boltzmann, foi o primeiro a estimar as dimensões das moléculas de ar[25].

Einstein concluiu o artigo dizendo: "Esperemos que um pesquisador consiga resolver brevemente o problema tratado aqui, que é de grande importância para a teoria do calor". De fato, também a forma de afrontar este problema representa uma reviravolta na física teórica do século XX, com uma profunda consequência sobre a física estatística experimental.

Em 27 de julho, a sua tese de doutorado foi aprovada por unanimidade pela Universidade de Zurique (Faculdade de Filosofia II) – o grau de doutor lhe foi formalmente concedido em 15 de janeiro de 1906.

Em agosto, ele enviou aos *Annaler der Physik* o trabalho da sua tese de doutorado sobre as dimensões moleculares[26]; o trabalho foi recebido em 19 de agosto, mas seria publicado somente em 08 de

---

[25] J. Loschmidt, *Zur Grösse der Luftmolecüle (sobre as dimensões das moléculas de ar)*, Sitzungsberichte der kaiserlichen Akademie der Wissenschaften Wien **52**, 395-413 (1865). Veja-se também a tradução inglesa no Journal of Chemical Education **72**, 870-875 (1995).

[26] A. Einstein, *Eine neue Bestimmung der Moleküldimensionem*, Annalen der Physik **19**, 289 (1906).

fevereiro de 1906. Este é um dos trabalhos mais citados de Einstein.

Nesse meio tempo, porém, ele trabalhava na teoria da relatividade especial. A reviravolta, desta vez, vamos encontrá-la nos conceitos de espaço e tempo!

1.3 A Teoria da Relatividade Especial

Perto da metade do mês de maio, Einstein concebeu a teoria da relatividade especial (mais tarde ele dirá que submeteu o trabalho cinco ou seis semanas depois que a ideia lhe havia ocorrido). O trabalho foi enviado aos *Annalen der Physik* com o título "Sobre a eletrodinâmica dos corpos em movimento"[27]. Recebido em 30 de junho, o trabalho foi publicado no dia 26 de setembro.

Este trabalho é aquele que lançou a base da teoria da relatividade do espaço e do tempo. Einstein descreveu a teoria como destinada a resolver um problema específico, representado pelo aparente conflito entre o princípio de relatividade de Galileu e a eletrodinâmica de Maxwell-Lorentz.

O conflito surge quando se confrontam o princípio de relatividade clássico, que sustenta a equivalência física de todos os sistemas inerciais de referência, e a eletrodinâmica, que implicava a existência de um sistema de referência inercial privilegiado, aquele ligado ao éter.

O princípio de relatividade clássico, ou princípio de relatividade galileiana, estabelece que o movimento de um sistema de corpos que se movem relativamente entre si não muda se o sistema inteiro for submetido a um movimento comum. Os fenômenos de movimento que ocorrem em um recinto não sofrerão qualquer mudança se ao recinto for dado um movimento retilíneo uniforme, mas mudarão certamente se esse movimento for acelerado ou curvilíneo, ou se o recinto for girado em torno do seu próprio eixo[28].

---

[27] A. Einstein, *Zur Elektrodynamik bewegter Körper*, Annalen der Physik **17**, 891 (1905).

[28] E. Dijksterhuis, *Il meccanicismo e l'immagine del mondo* (Feltrinelli, Milano, 1980), trad. italiana de Adriano Carrugo, pp. 474-475.

O princípio de relatividade tem a ver com o movimento retilíneo uniforme.

No desenvolvimento posterior da mecânica clássica, a "primeira lei" ou o primeiro princípio de Newton definirá os sistemas de referência inerciais.

O princípio estabelece que, na ausência de forças externas, um corpo permanece no seu estado de repouso ou de movimento com velocidade constante, sempre se for observado a partir de um sistema de referência inercial.

As leis de Newton para o movimento são válidas em um sistema de referência inercial, ou se pode dizer que um sistema de referência inercial é aquele no qual valem as leis de Newton.

Pode-se dizer também, em termos bastante gerais, que as leis da mecânica são as mesmas nos sistemas de referência inerciais.

Qualquer que seja o sistema de referência que se mova com velocidade constante relativamente a um sistema de referência inercial é ele também um sistema inercial; este é um outro modo de enunciar o *Princípio de Relatividade de Galileu*.

Para ilustrar essas ideias, consideremos um objeto localizado no ponto P, como na Fig. 1.1. Se o ponto P estiver em repouso relativamente ao sistema de referência S', ele será visto mover-se com velocidade v no sistema de referência S. Vice-versa, se o ponto estiver em repouso (estacionário) com respeito ao sistema S, então será visto mover-se com velocidade $-v$ pelo sistema S'.

Suponhamos agora que a localização do ponto P seja especificada pelas coordenadas (x, y, z), medidas no sistema S, e pelas coordenadas (x', y', z'), medidas no sistema S'. Admitamos que os relógios assinalem $t = t' = 0$ quando a origem O, do sistema S, coincide com a origem O', do sistema S'. As coordenadas (x, y, z) e (x', y', z') são então coligadas por meio de uma *transformação de Galileu*, na forma

$$x' = x - vt, \quad y' = y, \quad z' = z, \quad t' = t. \qquad (1.9)$$

No que concerne à velocidade, se o ponto P tiver uma velocidade v_x ao longo da direção x, quando medida em S, então terá uma

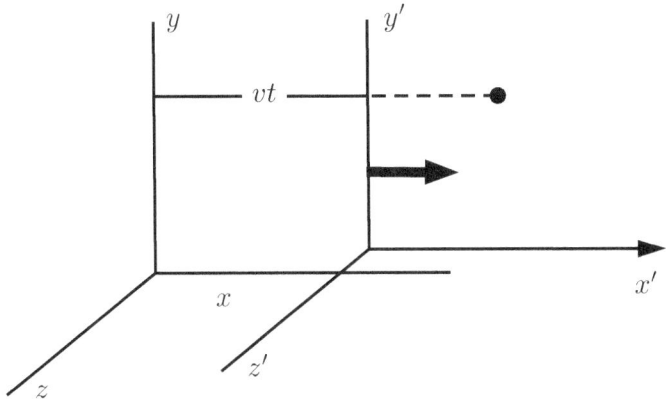

Figura 1.1: Sistemas de referência inerciais em coordenadas cartesianas: (x, y, z) são as coordenadas em S e (x', y', z') são as coordenadas em S'. O sistema S' se move ao longo da direção x com velocidade v relativamente ao sistema S.

velocidade v'_x, quando medida em S', de modo tal que

$$v'_x = v_x - v. \tag{1.10}$$

Nesta situação ilustrativa particular na qual a velocidade relativa é dirigida ao longo de x, as componentes ao longo de y e z permanecem como são: $v'_y = v_y$ e $v'_z = v_z$. Observa-se que a velocidade relativa entre os sistemas de referência é responsável pela diferença que se encontra entre as velocidades medidas em S e em S'.

Este princípio de relatividade clássico é válido na mecânica.

Einstein, porém, estava convencido que um princípio de relatividade devesse valer também para os fenômenos eletromagnéticos, e não somente para os mecânicos[29].

As leis fundamentais do eletromagnetismo são baseadas nas equações de Maxwell, que governam as distribuições espaçotemporais dos campos elétricos e magnéticos. Essas equações podem ser escritas como equações diferenciais nas quais intervêm o tempo, as coordenadas e a velocidade da luz no vácuo. Se escrevemos as equações no sistema de referência em S e no sistema em S', aplicando

---

[29]S. Bergia, *op. cit.*, p. 60.

as transformações de Galileu, essas equações não têm a mesma forma como requerido pelos sistemas de referência inerciais.

O princípio de relatividade clássico não vale para as leis fundamentais do eletromagnetismo. Em termos muito gerais, poder-se-ia dizer que as leis do eletromagnetismo não são as mesmas nos dois sistemas de referência.

Para discutir de maneira simplificada a solução proposta por Einstein, nos afastaremos um pouco da apresentação que ele fez no seu trabalho original e usaremos uma apresentação mais comumente empregada nos livros didáticos de física[30].

No trabalho de 1905, depois de ter discutido a ação eletrodinâmica entre um ímã e um condutor – procurando sublinhar que o fenômeno observado deve depender somente do movimento relativo do condutor e do ímã, Einstein escreveu na introdução:

> Exemplos desse tipo, como as tentativas mal sucedidas de constatar um movimento da Terra relativamente ao "meio luminoso", levam à suposição de que o conceito de repouso absoluto não apenas em mecânica, mas também em eletrodinâmica, não corresponde a qualquer propriedade da experiência, e que além disso para todos os sistemas de coordenadas para os quais valham as equações mecânicas devem valer também as mesmas leis da eletrodinâmica e a óptica, como já foi demonstrado para as quantidades em primeira ordem. Admitiremos essa conjectura (o conteúdo da qual será na sequência chamado de "princípio de relatividade"), como postulado, e além disso introduziremos o postulado só aparentemente incompatível com este de que a luz no espaço vazio se propague sempre com uma velocidade determinada V, independentemente do estado de movimento dos corpos emitentes. Estes dois postulados bastam para conduzir a uma eletrodinâmica dos corpos em movimento simples e isenta de contradições, construída com base na teoria de Maxwell para os corpos em repouso. A introdução de um "éter luminífero" revelar-se-á supérflua, já que na teoria que vamos desenvolver não é necessário

---

[30] Veja-se, por exemplo: R. Resnick, *Introduction to Special Relativity* (John Wiley & Sons, New York, 1968) e C. Kittel, W. D. Knight, and M. A. Ruderman, *Mechanics – Berkeley Physics Course*, Vol. 1 (McGraw-Hill, New York, 1972), second edition.

introduzir um "espaço em repouso absoluto", nem atribuir um vetor velocidade a qualquer ponto do espaço vazio em que tenha lugar um processo eletrodinâmico.

Antes de enunciar os postulados, Einstein discute o conceito de *simultaneidade*.

Nessa discussão aparece uma ideia radicalmente nova: se se define um par de eventos A e B como simultâneos em um dado sistema inercial, não se pode deduzir que os eventos sejam simultâneos em relação a um outro sistema de referência inercial!

Se no ponto A do espaço se encontra um relógio, um observador que se encontre em A medirá um tempo t_A do evento; se, analogamente, no ponto B do espaço se encontra um outro relógio (com as mesmas propriedades daquele que se encontra em A), um observador em B medirá um tempo t_B.

O problema que permanece é o de definir um "tempo" para A e B conjuntamente.

Segundo Einstein, "este último tempo pode ser definido somente quando se admite por definição que o 'tempo' que a luz emprega para ir de A a B seja igual ao 'tempo' que ela emprega para ir de B a A"[31]. Este fato empírico é utilizado para sincronizar os dois relógios.

Considera-se que o raio de luz que deixa o ponto A no instante t_A chegue ao ponto B no tempo t_B; este raio é refletido de B em direção a A e retorna no tempo t_A^*. Nesse cenário, os dois relógios caminham síncronos quando

$$t_B - t_A = t_A^* - t_B.$$

Em seguida, Einstein define o "tempo" de um evento como a indicação simultânea com o evento de um relógio em repouso que se encontra na posição do evento, que caminha síncrono com um determinado relógio em repouso.

Baseado na experiência, Einstein postula que a quantidade

$$\frac{2\overline{AB}}{t_A^* - t_A} = V = c,$$

---

[31]A. Einstein, *op. cit.*, sec. 1.

em que $\overline{AB}$ é a distância entre os pontos A e B, e $V = c$ seja uma constante universal, que é a velocidade da luz no vácuo[32]. Depois de definir este conceito, na seção 2 do trabalho, Einstein introduziu os dois princípios (postulados) da relatividade:

1. *As leis segundo as quais evoluem os estados dos sistemas físicos são as mesmas, quer sejam referidas a um determinado sistema de coordenadas, quer o sejam a qualquer outro que tenha movimento de translação uniforme em relação ao primeiro.*

2. *Todo raio de luz se move no sistema de coordenadas "em repouso" com uma velocidade determinada c, que é a mesma, quer esse raio seja emitido por um corpo em repouso, quer o seja por um corpo em movimento. Aqui*

$$\text{Velocidade} = \frac{\text{Caminho da luz}}{\text{Intervalo de tempo}},$$

em que o "intervalo de tempo" deve ser entendido no sentido da definição dada na sec. 1[33].

O primeiro postulado é o *Princípio de Relatividade de Einstein*: as leis da física são as mesmas em todos os sistemas de referência inerciais. Não existe um sistema de referência preferencial, como poderia acontecer se a existência do éter prevista pela eletrodinâmica clássica fosse necessária.

Este princípio vai além da relatividade de Galileu e Newton, que se refere às leis da mecânica, e inclui todas as leis da física. Segue-se que se pode somente falar de movimento relativo de dois sistemas.

O segundo postulado estabelece que a velocidade da luz deve ser a mesma em todos os sistemas de referência inerciais. Nesse caso, a lei de adição de velocidade de Galileu, como aquela do exemplo na Eq. (1.10), não vale mais.

A teoria da relatividade especial é derivada desses dois princípios, que são simples e gerais, e são profundamente ligados à

---

[32] Daqui para a frente usaremos para a velocidade da luz no vácuo o símbolo c (do latim "celeritas"), como nos livros, ao invés de V, como usado por Einstein.

[33] Einstein se refere aqui à Sec. 1 do artigo: Annalen der Physik **17**, 891 (1905).

unidade da física. Eis o que nos diz a respeito o físico Herman Bondi[34]:

> A teoria da relatividade especial é uma consequência necessária de qualquer asserção sobre o fato de que a unidade da física é essencial, porque seria intolerável que todos os sistemas inerciais fossem equivalentes sob todos os pontos de vista da dinâmica, mesmo se distinguíveis por meio de medidas ópticas. Parece-nos quase incrível que a possibilidade de tal discriminação tenha sido aceita como verdadeira no século dezenove, mas naquele tempo não era fácil ver aquilo que era o mais importante – a validade universal do princípio de relatividade de Newton ou a natureza absoluta do tempo.

Para prosseguir, convém estabelecer as transformações das coordenadas e do tempo do sistema de repouso para um sistema que se encontra, relativamente a esse, em movimento de translação uniforme. Mais precisamente, buscamos uma transformação entre os dois sistemas de modo tal que a velocidade da luz seja independente do movimento da fonte e do receptor.

Quando o raio de luz é emitido desde a origem O do sistema S, no tempo $t = 0$, a equação da frente de onda é uma esfera, na forma:

$$x^2 + y^2 + z^2 = R(t)^2 = c^2 t^2. \tag{1.11}$$

A Eq. (1.11) descreve uma superfície esférica cujo raio aumenta linearmente com o tempo na forma: $R(t) = ct$. No sistema de referência S', admitindo que O e O' coincidam no tempo $t = t' = 0$, a equação se escreve como:

$$x'^2 + y'^2 + z'^2 = R(t)^2 = c^2 t'^2. \tag{1.12}$$

Se, agora, usamos a Eq. (1.9), que representa matematicamente as transformações de Galileu, descobrimos rapidamente que (1.12) se torna

$$x^2 - 2xvt + v^2 t^2 + y^2 + z^2 = R(t)^2 = c^2 t^2, \tag{1.13}$$

---

[34] H. Bondi, Endeavour **20**, 121 (1961). Veja-se, também, A. P. French, *Special Relativity* (Thomas Nelson & Sons Ltd, Nashville, 1968).

e, portanto, não coincide com (1.11). Se, em vez disso, usamos em (1.12) as transformações

$$x' = \frac{x - vt}{\sqrt{1 - v^2/c^2}}, \quad y' = y, \quad z' = z, \quad t' = \frac{t - (v/c^2)x}{\sqrt{1 - v^2/c^2}}, \quad (1.14)$$

então encontramos (1.11). Essas são as *transformações de Lorentz*, conhecidas antes do advento da relatividade especial.

As transformações inversas se obtêm facilmente, na forma:

$$x = \frac{x' + vt'}{\sqrt{1 - v^2/c^2}}, \quad y = y', \quad z = z', \quad t = \frac{t' + (v/c^2)x'}{\sqrt{1 - v^2/c^2}}. \quad (1.15)$$

Dessas transformações podemos obter rapidamente a lei de transformação da velocidade. Uma partícula que em S' tenha uma velocidade de componentes v'_x, v'_y e v'_z terá uma velocidade relativamente a S com as componentes v_x, v_y e v_z dadas por:

$$\begin{aligned}
v_x &= \frac{v'_x + v}{1 + v'_x v/c^2} \\
v_y &= \frac{v'_y}{1 + v'_x v/c^2}\sqrt{1 - \frac{v^2}{c^2}} \\
v_z &= \frac{v'_z}{1 + v'_x v/c^2}\sqrt{1 - \frac{v^2}{c^2}}.
\end{aligned} \quad (1.16)$$

Se, por exemplo, a partícula for um fóton movendo-se ao longo do eixo x com velocidade $v'_x = c$, então a sua velocidade, medida em S será:

$$v_x = \frac{c + v}{1 + v/c} = c. \quad (1.17)$$

Suponhamos agora, no mesmo exemplo, que o sistema S' se mova relativamente a S com velocidade $v = c$. A velocidade da partícula relativamente ao sistema S será

$$v_x = \frac{c + c}{1 + c^2/c^2} = c. \quad (1.18)$$

A velocidade do fóton será de qualquer modo $v_x = c$!

Se usássemos a lei de adição de velocidade de Galileu (1.10) encontraríamos $v_x = 2c$, ou seja, um movimento com velocidade superior à da luz.

Observamos, além disso, que se as velocidades forem pequenas se comparadas à da luz no vácuo ($c = 300.000$ km/s), então valerão as aproximações $1 + v'_x v/c^2 \approx 1$ e $\sqrt{1 - v^2/^2} \approx 1$. Nesse limite, valerão as transformações de Galileu (1.9) e a regra de adição clássica da velocidade.

Este simples exemplo nos permite apreciar outra consequência importante da teoria da relatividade: a existência de uma *velocidade limite*.

A velocidade da luz no vácuo constitui um limite insuperável para os movimentos dos corpos materiais e dos sinais físicos e, como vimos, o seu valor deve ser o mesmo relativamente a todos os sistemas de referência inerciais. E as transformações de Lorentz garantem essa invariância das leis da física em todos os sistemas de referência.

Contração dos comprimentos

Outra consequência da relatividade especial, associada às transformações de Lorentz, é a contração do comprimento de um objeto que se move a uma velocidade muito alta.

Imaginemos um bastão ao longo do eixo x em repouso no sistema de referência S. Como o bastão está em repouso, as posições das coordenadas de suas extremidades x_1 e x_2 não dependem do tempo. O comprimento do bastão em repouso em S pode ser definido como

$$L_0 = x_2 - x_1.$$

Agora, podemos observar o bastão no sistema de referência em S' que, como sabemos a partir da Fig. 1.1, se move relativamente a S com velocidade v ao longo do eixo x. O comprimento do bastão é determinado em S' medindo-se, em um tempo t', as posições x'_1 e x'_2 que coincidem com as extremidades do bastão nesse sistema de referência. A distância entre as posições x'_1 e x'_2 em S', que coincidem *simultaneamente* com as extremidades do bastão, é o comprimento L do bastão no sistema móvel S', determinado por $L = x'_2 - x'_1$. Usando as transformações de Lorentz (1.15), teremos:

$$x_2 - x_1 = L_0 = \frac{x'_2 - x'_1}{\sqrt{1 - v^2/c^2}} \longrightarrow L = L_0\sqrt{1 - v^2/c^2}. \quad (1.19)$$

Esta é a *contração de Lorentz-Fitzgerald*. O comprimento de um corpo é máximo quando medido em repouso relativamente ao observador. Quando o mesmo corpo se move com a velocidade v relativamente ao observador que continua em repouso em S, o seu comprimento é contraído na direção do seu movimento de uma quantidade $\sqrt{1 - v^2/c^2}$. As suas dimensões perpendiculares à direção do movimento não mudam pois, das transformações de Lorentz (1.14), deduzimos que $y' = y$ e $z' = z$.

Dilatação do tempo

Se os comprimentos mudam, também os intervalos (as durações) de tempo entre dois eventos não são os mesmos se medidos no sistema de repouso, S, ou no sistema que se move, S'.

Consideremos um relógio em repouso no sistema S. Por simplicidade, imaginemos que o relógio esteja localizado na origem $x = 0$ do sistema S. Se o intervalo de tempo é medido, encontra-se um valor Δt (conhecido como *tempo próprio* do evento). Um outro relógio (idêntico ao primeiro), localizado na origem do sistema S', mede um intervalo de tempo $\Delta t'$ entre os dois eventos. Por meio das transformações de Lorentz, demonstra-se que

$$\Delta t' = \frac{\Delta t}{\sqrt{1 - v^2/c^2}}. \quad (1.20)$$

O intervalo de tempo medido no sistema móvel S' é mais longo do que aquele medido no sistema em repouso. Os relógios que viajam a uma velocidade constante muito alta se atrasam. Podemos assim concluir que, quando um relógio está em repouso, avança sempre com a máxima velocidade com respeito a um observador, também esse em repouso no mesmo sistema.

Quando o relógio se move com velocidade v relativamente ao observador, a sua velocidade é reduzida de uma quantidade $\sqrt{1 - v^2/c^2}$.

O intervalo espaçotemporal

Para concluir esta breve exposição sobre o artigo de Einstein e as suas consequências mais imediatas, devemos mencionar a existência de uma quantidade invariável (um absoluto!) na teoria da relatividade. Trata-se da quantidade denominada de "intervalo", simplesmente, e que é definida na forma:

$$(\Delta s)^2 = (c\Delta t)^2 - (\Delta x)^2 - (\Delta y)^2 - (\Delta z)^2,$$

quando medida em S. A mesma quantidade, quando medida em S', tem uma forma semelhante:

$$(\Delta s')^2 = (c\Delta t')^2 - (\Delta x')^2 - (\Delta y')^2 - (\Delta z')^2,$$

em que Δx e Δt (e as outras quantidades semelhantes) são as diferenças nas coordenadas espaciais e temporais de dois eventos medidas em S; $\Delta x'$ e $\Delta t'$ (e as outras quantidades semelhantes) são as mesmas coisas, mas medidas em S'. As transformações de Lorentz garantem que

$$(\Delta s')^2 = (\Delta s)^2. \tag{1.21}$$

A matemática da relatividade pode ser formulada como aquela de um espaço em quatro dimensões em que, além das coordenadas espaciais $x_1 = x$, $x_2 = y$, $x_3 = z$, se considera uma quarta "coordenada" $x_4 = ict$, com $i^2 = -1$ sendo a unidade imaginária.

Esta formulação permite generalizar a teoria e dar-lhe uma interpretação muito mais aprofundada.

Foi Hermann Minkowski (1864 – 1909) quem introduziu esse tratamento mais formal, em 1908, e o apresentou dizendo[35]:

> Os conceitos de espaço e tempo que desejo apresentar-lhes germinaram no solo da física experimental, e nisso reside a sua força. De agora em diante, o espaço em si e o tempo em si mesmo estão destinados a esvairem-se em meras sombras, e somente uma espécie de união dos dois eventos preservará uma realidade independente.

[35] H. Minkowski, *Space and Time* em *Minkowski's Papers on Relativity* (Minkowski Institute Press, Montreal, 2012), p. 37.

A formulação de Minkowski propõe a união espaço-tempo como se espaço e tempo fossem projeções de uma entidade espaçotemporal invariante; as projeções mudam quando se muda o sistema de referência, mas o intervalo $(\Delta s)^2$ entre dois eventos é sempre o mesmo, e não muda quando se muda o sistema de referência.

A parte central do artigo de Einstein é dedicada – como indicado pelo título – à eletrodinâmica. Há outros aspectos a serem considerados em uma discussão mais completa do trabalho. Mas me limitarei a considerar um aspecto geral do significado do trabalho.

Gostaria de reconsiderar que o ponto de partida geral de Einstein está ligado à existência de um absoluto no seio da teoria eletromagnética de Maxwell, como mencionei no início. Como vimos, nessa teoria há diversas equações diferencias que conectam, de maneira muito elegante e compacta, os campos elétricos e magnéticos com as densidades de carga e de corrente.

Uma pergunta importante se põe agora: quais coordenadas x, y, z e t comparecem nessas equações, ou seja, a qual sistema de referência as equações de Maxwell se referem?

Parece que para Maxwell esta questão não se punha porque ele estava convencido de que as equações fizessem referência a um sistema inercial absoluto[36].

Uma das previsões desse conjunto notável de equações é a existência das ondas eletromagnéticas, que se propagam no vácuo com uma velocidade c. Mas, novamente, pode-se perguntar: qual sistema de referência temos em mente quando falamos desta velocidade?

Do ponto de vista da mecânica, as equações não são válidas em todos os sistemas; então, deve existir um sistema privilegiado, como aquele do éter, ou seja, um sistema absoluto.

O experimento de Michelson, o mais famoso realizado nessa direção, demonstrou que esse sistema não existe!

A solução, portanto, é aquela de Einstein: vale o seu princípio de relatividade, e se usam as transformações de Lorentz para garantir

---

[36] G. Temple, *From Relativity to the Absolute* in *Turning Points in Physics* (North-Holland, Amsterdam, 1959), p. 74.

a validade das equações em todos os sistemas de referência inerciais. Essas transformações garantem de fato que a velocidade da luz é independente do movimento da fonte e do receptor, e podem ser consideradas a solução de um paradoxo.

A teoria eletromagnética de Maxwell nasceu em um período no qual toda a física falava da relatividade do movimento, mas continha um absoluto; ao contrário, a física newtoniana falava de um espaço absoluto e de um tempo absoluto, mas era uma teoria baseada no *Princípio de Relatividade de Galileu*.

A teoria da relatividade de Einstein resolve o problema e indica o caminho a ser percorrido pela física contemporânea. Uma espécie de paradoxo, porém, permanece no nome porque a teoria não é uma teoria da relatividade, mas uma teoria do absoluto, como o sublinhou Felix Klein (1849 – 1925), e como se evidencia a partir da discussão feita até aqui, que diz respeito à existência de um intervalo que é o mesmo em todos os sistemas de referência.

1.4 Inércia e Energia

Em setembro do seu ano admirável, Einstein enviou aos *Annalen der Physik* o seu artigo sobre a equivalência massa-energia intitulado *Ist die Trägheit eines Körpers von seinem Energieinhalt abhängig?* (A inércia de um corpo é dependente do seu conteúdo de energia?)[37]. O trabalho foi recebido em 27 de setembro e publicado em 21 de novembro. É este o artigo que contém o conceito que levaria à famosa equação $E = mc^2$, que é o objetivo central destas páginas.

Este breve trabalho se põe como natural prosseguimento do trabalho apresentado precedentemente. Einstein usa nele um resultado já encontrado antes, quando discutia a pressão de radiação e o efeito Doppler relativístico.

A ideia básica pode ser apresentada como segue.

Consideremos um conjunto de ondas planas com energia E em um sistema de referência S. A normal à onda, a direção do raio de luz da Fig. 1.2, forma um ângulo ϕ com o eixo x do sistema. No sistema S' (que se move com velocidade v ao longo da direção x

---

[37]A. Einstein, Annalen der Physik **18**, 639 (1905).

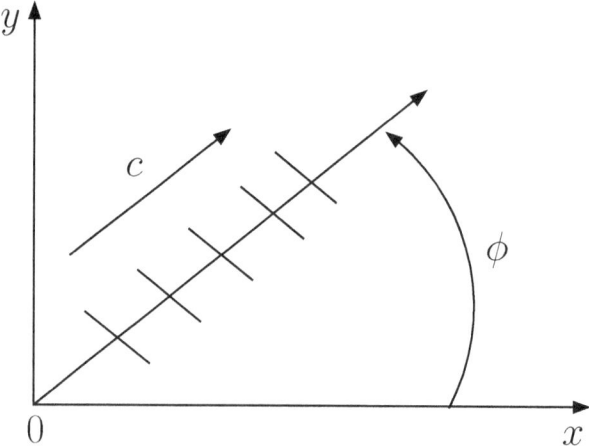

Figura 1.2: Um corpo em repouso na origem do sistema S emite uma onda de luz plana.

do sistema S) estas ondas têm energia E'. No trabalho precedente (seção 8 do texto original), Einstein tinha mostrado que E e E' são ligados por meio da relação:

$$E' = E \frac{1 - v/c \cos\phi}{\sqrt{1 - v^2/c^2}}. \qquad (1.22)$$

Um corpo estacionário no sistema S tem uma energia de repouso E_0. Relativamente ao sistema de referência S', o corpo tem uma energia H_0. Suponhamos que esse corpo emita, ao longo da direção em que se desloque de um ângulo ϕ com respeito ao eixo x, ondas planas de luz com energia $L/2$, medida em S; e que emita, contemporaneamente, uma igual quantidade de luz na direção oposta. Depois da emissão das ondas planas de luz, a energia do corpo é E_1. Usando a conservação da energia pode-se escrever:

$$E_0 = E_1 + \frac{L}{2} + \frac{L}{2} = E_1 + L. \qquad (1.23)$$

No sistema S', a energia depois da emissão das ondas planas de luz é H_1. O princípio de relatividade requer que a energia seja conservada também no sistema S'. Levando-se em conta esse princípio, obtém-se:

$$\begin{aligned} H_0 &= H_1 + \left[\frac{L}{2} \frac{1 - v/c \cos\phi}{\sqrt{1 - v^2/c^2}} + \frac{L}{2} \frac{1 + v/c \cos\phi}{\sqrt{1 - v^2/c^2}} \right] \\ &= H_1 + \frac{L}{\sqrt{1 - v^2/c^2}}. \end{aligned} \quad (1.24)$$

Das Eqs. (1.23) e (1.24), por subtração, obtém-se:

$$H_0 - E_0 - (H_1 - E_1) = L \left[\frac{1}{\sqrt{1 - v^2/c^2}} - 1 \right]. \quad (1.25)$$

As quantidades H e E são os valores da energia do mesmo corpo referidos a dois sistemas de coordenadas que estão em movimento, um relativamente ao outro, enquanto que o corpo em questão está em repouso em um dos dois sistemas, o sistema S. Então, a quantidade $H_0 - E_0$ difere da energia cinética do corpo, K_0, antes da emissão, somente por uma constante aditiva, C e, igualmente, a quantidade $H_1 - E_1$ representa a energia cinética do corpo depois da emissão, K_1, a menos da mesma constante. A Eq. (1.25) se torna:

$$K_0 - K_1 = L \left[\frac{1}{\sqrt{1 - v^2/c^2}} - 1 \right].$$

A energia cinética do corpo, quando medida em S', diminui como resultado da emissão da luz, e a quantidade dessa diminuição é independente das propriedades do corpo. Além disso, a diferença $K_0 - K_1$ depende da velocidade. Como tipicamente a velocidade v é pequena se comparada a c, podemos desprezar termos de quarta ordem em v/c para escrever:

$$K_0 - K_1 \approx L \left[1 + \left(\frac{v}{c}\right)^2 + \ldots - 1 \right] \approx \frac{L}{2} \frac{v^2}{c^2}. \quad (1.26)$$

Dessa equação, Einstein faz seguir diretamente que:

1. *Se um corpo emite energia L sob forma de radiação, então a sua massa diminui de L/c^2. O fato de que a energia extraída do corpo se torne*

energia de radiação não muda as coisas, razão por que somos conduzidos a uma conclusão mais geral, segundo a qual:

2. *A massa de um corpo é uma medida de seu conteúdo de energia; se a energia muda por uma quantidade L, então a massa muda no mesmo sentido de uma quantidade $L/9 \times 10^{20}$, na qual a energia se mede em erg e a massa em gramas*[38].

E, para concluir, Einstein acrescenta que *não é impossível que a teoria possa ser posta à prova com sucesso no caso dos corpos cujo conteúdo de energia é muito variável (por exemplo, os sais de urânio). Se a teoria corresponde aos fatos, então a radiação transporta energia entre o corpo emissor e o absorvente.*

A Eq. (1.26) nos mostra que, sem variação da velocidade v, há uma variação $K_0 - K_1$ da energia cinética. Podemos concluir que deverá ser a massa do corpo a variar por uma quantidade Δm, ou seja:

$$K_0 - K_1 = \frac{1}{2}(\Delta m)v^2. \qquad (1.27)$$

Confrontando (1.26) com (1.27), obtemos:

$$L = (\Delta m)c^2.$$

Se nos recordarmos que L é a energia emitida pelo corpo e a chamarmos de E, então podemos reescrever a equação precedente na forma que a tornou famosa:

$$\Delta E = (\Delta m)c^2 \quad \longrightarrow \quad E = mc^2. \qquad (1.28)$$

Este artigo de Einstein juntamente com o precedente formam a base da teoria da relatividade. Muitíssimos trabalhos foram publicados depois, seja por Einstein, seja por outros autores, ampliando e aprofundando a física descrita nesta teoria. De modo particular, Einstein formulou os fundamentos da teoria da relatividade geral perto do final de 1915, e essa teoria é a base da hodierna descrição física do Universo.

---

[38] O sistema utilizado por Einstein é o *cgs* (centímetro-grama-segundo). Nesse sistema, a velocidade da luz no vácuo vale (cerca) $c = 3 \times 10^{10}$ cm/s.

No que concerne ao sentido geral dessa descoberta da equivalência entre massa e energia, o próprio Einstein, anos depois, deixou registrada uma apresentação da fórmula com as palavras seguintes:[39]:

> It followed from the special theory of relativity that mass and energy are both but different manifestations of the same thing – a somewhat unfamiliar conception for the average mind. Furthermore, the equation E is equal to m c – squared, in which energy is put equal to mass, multiplied by the square of the velocity of light, showed that very small amounts of mass may be converted into a very large amount of energy and vice versa. The mass and energy were in fact equivalent, according to the formula mentioned before. This was demonstrated by Cockcroft and Walton in 1932, experimentally.

A demonstração mencionada por Einstein se refere ao primeiro dispositivo experimental usado para acelerar artificialmente partículas atômicas até altas energia, conhecido como acelerador de Cockcroft-Walton. Cerca de um mês depois do anúncio de sua construção, em 1932, feixes de prótons a altas energia produzidos por aquela máquina foram usados para iniciar a desintegração do núcleo de lítio, confirmando assim a equivalência enunciada por Einstein[40].

Nestas páginas, o objetivo é o de aprofundar o sentido físico e as implicações da Eq. (1.28). O resumo apresentado até agora dos trabalhos do *annus mirabilis* de Einstein nos serviu para dar uma ideia geral de como essa descoberta aparentemente muito simples se insere no panorama geral das contribuições de Einstein para a história da física.

---

[39] A. Einstein: "Segue-se da teoria da relatividade especial que massa e energia são ambas, mas diferentes, manifestações da mesma coisa – um conceito pouco familiar para a mente mediana. Além disso, a equação E igual a m vezes c ao quadrado, na qual energia é igual a massa multiplicada pelo quadrado da velocidade da luz, mostrou que pequenas quantidades de massa podem ser convertidas em grandes quantidades de energia e vice-versa. A massa e a energia são de fato equivalentes, de acordo com a fórmula mencionada antes. Isso foi demonstrado experimentalmente por Cockcroft e Walton em 1932".

[40] J. D. Cockcroft & E. T. S. Walton, Nature **129**, 242 (1932).

Para fazê-lo, foram necessários os conceitos e uma linguagem que são comuns nos métodos científicos, como aqueles de energia, energia cinética, massa, velocidade, velocidade da luz, conservação da energia, etc.

Por isso, antes de prosseguir, convém recordar o estabelecimento da lei de conservação da massa e, em seguida, da lei de conservação da energia, com a consequente definição também do conceito de energia no sentido mais geral[41]. O leitor interessado somente na discussão que diz respeito às consequências da Eq. (1.28) pode saltar o próximo capítulo e ir diretamente ao Capítulo 3, no qual discutirei com mais detalhes a equivalência massa-energia.

---

[41] O próximo capítulo reproduz, com algumas pequenas mudanças, ideias já discutidas no meu livro *Perspectivas em História da Física* (Livraria da Física, São Paulo, 2014). Agradeço ao editor, José Roberto Marinho, a permissão de usar parte daquele texto modificado na presente obra, com fins de divulgação científica.

2

As Leis de Conservação da Massa e da Energia

2.1 A Lei de Conservação da Massa

Cerca de cem anos se passaram entre a publicação dos *Principia*, por Newton, em 1687, e a publicação do *Traité Élémentaire de Chimie*, de Lavoisier, em 1789. A primeira das definições introduzidas por Newton nos *Principia* trata, justamente, do conceito de massa, ao qual ele se refere como "essa quantidade que muitas vezes tomo a seguir sob o nome de corpo ou massa. Conhecemo-la pelo peso de qualquer corpo, pois esta é proporcional ao peso, o que achei em experiências feitas cuidadosamente sobre os pêndulos, como se mostrará adiante"[1].

Por outro lado, uma das afirmações mais célebres do *Traité* está indissoluvelmente associada ao chamado princípio de conservação da massa. No capítulo XIII, da Parte I, do livro de Lavoisier, encontramos a afirmação[2]:

---

[1] I. Newton, *Princípios Matemáticos da Filosofia Natural* (Os Pensadores – Vol. XIX, Abril Cultural, São Paulo, 1974), p. 11. Trad. port. Carlos Lopes de Matos.

[2] A. L. Lavoisier, *Elements of Chemistry* (Great Books of the Western World)

> Devemos considerar como um axioma incontestável que em todas as operações da arte e da natureza, nada se cria; a mesma quantidade de matéria existe antes e depois do experimento; a qualidade e a quantidade dos elementos permanece precisamente a mesma e nada ocorre que não sejam mudanças e modificações na combinação desses elementos: toda a arte de realizar experimentos químicos depende desse princípio. Devemos sempre supor uma exata igualdade entre os elementos do corpo examinado e os que resultam dos produtos de sua análise.

A menção aos dois livros não é casual. É bem comum considerar que o tratado de Lavoisier representa, para a química, o que os *Principia* representam para a física: ambas são obras símbolo de uma nova ciência, uma nova química e uma nova física; ambas as obras surgem, também, ao final de um período fértil, pleno de novas ideias e de novas contribuições para a investigação científica. Se quisermos usar uma citação que já se tornou um lugar-comum, podemos afirmar que ambas as obras "repousam sobre ombros de gigantes", isto é, sintetizam e fazem avançar, de um modo revolucionário e totalmente novo, a obra de seus predecessores.

Além dessa semelhança fundamental, convém enfatizar que o enunciado feito por Lavoisier só foi possível, de fato, a partir da introdução, na física primeiramente, do conceito de sistema isolado. Essa ideia-chave para o processo químico resulta, em parte, do trabalho de Galileu sobre o movimento dos corpos e está explicitamente admitida na primeira lei de Newton, o princípio de inércia. Foi a introdução da ideia de um sistema físico isolado, sem conexões causais com o mundo exterior, aliada à prova experimental da constância do peso, enunciada por Newton na sua primeira definição, que permitiu a consideração de um sistema isolado na química.

É Lavoisier quem vai obter a prova de que a quantidade de matéria em um sistema determinado ou o peso de um certo material

---

(Encyclopaedia Britannica, Chicago, 1952), trad. Robert Kerr, p. 41. A. Lavoisier, *Traité Éléméntaire de Chimie* (Cuchet, Paris, 1789), pp. 140-141.

num recipiente fechado não muda ao experimentar transformações químicas. A essa importante conclusão, Lavoisier chegou depois de realizar uma série de experimentos envolvendo os tipos de reação conhecidas, a partir de resultados quantitativos e de medidas realizadas com grande cuidado. Basta-nos aqui invocar um exemplo para ilustrar esse cuidado com que os resultados experimentais são obtidos[3]:

> Tendo queimado 100 grãos (5,3 g) de ferro, o que requereu um peso adicional de 35 grãos, a diminuição do ar foi de exatamente 70 polegadas cúbicas; encontrar-se-á, na sequência, que o peso do ar vital (oxigênio) é quase que exatamente de meio grão para cada polegada cúbica; desse modo, o aumento de peso de um coincide exatamente com a perda do outro.

Como resultado desses experimentos, Lavoisier demonstrou que as reações que ocorrem no interior de um recipiente fechado são tais que o ganho experimentado por qualquer parte do sistema será compensado por uma perda no restante dele, isto é, *a quantidade total de matéria dentro do sistema permanece constante.*

Ao concluir pela conservação da massa nas reações químicas de sistemas fechados, Lavoisier estava resolvendo outro problema, em aberto durante muitos anos: o chamado problema da combustão. É mérito dele o ter demonstrado que a combustão da matéria é, em geral, um processo de oxidação: a combinação da substância com aquela parte do ar ambiente a que ele deu o nome de oxigênio. O gás tomado da atmosfera deveria ser levado em consideração no cálculo global do processo de combustão. A solução encontrada por Lavoisier pôs fim à teoria do *flogisto*, proposta muito tempo antes para explicar o problema.

A Teoria do Flogisto

Segundo Johann Joachim Becher (1635 – 1682), médico e alquimista alemão, cujas principais ideias e experimentos sobre a natureza

---

[3]A. L. Lavoisier, *op. cit.*, p. 20; *Traité, op. cit.*, pp. 46-47.

dos minerais e outras substâncias foram publicadas em seu livro *Physica subterranea* (1669), a terra e a água eram os princípios constituintes de todos os corpos. A terra, porém, era de três tipos: a *terra lapida* (ou vitrificável), a *terra fluida* (terra mercurial) e a *terra pinguis* (terra gordurosa ou terra combustível). Ele considerava que a *terra pinguis* estivesse presente nos materiais combustíveis, sendo liberada quando esses materiais ardiam. Esta concepção foi a base sobre a qual George Ernst Stahl (1660 – 1734) desenvolveu a sua teoria do flogisto (ou flogístico).

Nessa teoria, os corpos combustíveis possuem esse flogisto (do grego: "passado pelo fogo", "queimado") que é liberado no ar durante o processo de combustão. Quanto mais combustível for o material, mais flogisto libera durante a combustão. Assim, por exemplo, combustíveis como carvão e óleo seriam muito ricos em flogisto e, por isso, o liberariam em grande quantidade durante a queima. Por outro lado, o flogisto também podia ser transferido de um corpo para outro, segundo a ordem de que um corpo mais rico em flogisto cede-o a outro mais pobre.

No contexto dessas ideias, algumas explicações podiam ser obtidas para diversos fenômenos observados experimentalmente. Por exemplo, a mudança de estrutura física e da natureza química do objeto que queima podia ser atribuída à perda ou ao ganho de flogisto. De igual maneira, a presença do calor e das chamas no processo de combustão e as mudanças qualitativas do ar ambiente também se podiam atribuir ao flogisto. Por fim, a importante mudança no peso dos materiais em reação alcançava uma explicação razoável com a introdução dessa substância. A ideia era fértil, pois permitia afrontar o problema da combustão (envolvendo materiais orgânicos) e o problema da calcinação (envolvendo metais).

De acordo com Stahl, o processo de ferrugem em um metal se devia a uma combustão lenta, por meio da qual o metal perdia lentamente o seu flogisto. No processo de fundir minério com carvão para se obter um metal, haveria a transferência do flogisto do carvão (muito rico) para a *calx* e, por conseguinte, resultava no metal. Seria, assim, possível obter-se um metal fazendo reagir a *calx* com o flogisto.

A teoria, modificada nos anos subsequentes e acrescida de experimentos e interpretações alternativas, deu seus bons frutos e foi importante para o desenvolvimento da história da química. Mais cedo ou mais tarde, porém, deveria conhecer o fracasso, já que tentava explicar um número muito grande de fenômenos e acabava por gerar contradições. É notável que, em alguns processos, o flogisto devesse ser liberado e, em outros, absorvido. Em certos experimentos, ele deveria pesar; em outros, tornar-se essencial, imponderável.

Com Lavoisier, no entanto, ficou demonstrado que o conceito era desnecessário.

Ainda no seu tratado, num primeiro momento, Lavoisier explica a descoberta daquela parte do ar que era responsável pela combustão. No Capítulo III, da Parte I, onde analisa o ar atmosférico e sua divisão em dois fluidos elásticos, um apropriado para a respiração e outro não, ele fala do primeiro nos seguintes termos[4]:

> Esta espécie de ar foi descoberta quase que ao mesmo tempo por Priestley, Scheele e por mim. Priestley deu-lhe o nome de *ar desflogisticado*, Scheele o chamou de *ar empíreo* (ar de fogo). Num primeiro momento, eu o chamei de *ar altamente respirável*, que foi substituído depois por *ar vital*.

Um pouco mais adiante, ele o batiza definitivamente com o nome clássico de oxigênio[5]:

> Demos [...] à base da parte respirável do ar o nome de *oxigênio*, do grego *oxis* (acidum) [...] porque, na realidade, uma das propriedades mais gerais dessa base é formar ácidos por meio da combinação com muitas diferentes substâncias. A união dessa base com o *calórico* nós a denominamos de *gás oxigênio*, que é o mesmo que anteriormente chamávamos de *ar puro* ou *ar vital*.

Lavoisier explica, portanto, os processos de combustão, calcinação e respiração invocando o consumo de uma parte do ar atmosférico: o oxigênio. A teoria do flogisto, que ainda teria muitos

---
[4] *Ibid.*, p. 18. Cf. *Traité, op. cit.*, p. 38.
[5] *Ibid.*, p. 22. Cf. *Traité, op. cit.*, pp. 54-55.

seguidores, estava com os dias contados. Mas os estudos de Lavoisier sobre o calor o levaram a introduzir um importante conceito na história da física: o calórico, que aparece no trecho citado anteriormente e que será objeto de análise nas próximas seções. O balanço de sua contribuição aqui refere-se, sobretudo, ao princípio de conservação da massa.

A Massa se Conserva?

Nos anos subsequentes, em vista do gradativo aumento na precisão das balanças, a ideia de conservação foi tornando-se cada vez mais bem estabelecida, embora dúvidas houvesse acerca da veracidade dessa lei.

O químico alemão Lothar Meyer (1830 – 1895) chegou a sugerir que o rearranjo de átomos durante as reações químicas poderia vir acompanhado de absorção ou emissão de partículas de éter; a massa do sistema poderia mudar de uma pequena quantidade; mas a existência dessas partículas era uma questão aberta e a possível objeção não prosperou.

Outro químico do período, Hans Landolt (1831 – 1910), realizou uma série de experimentos com medidas bastante exatas das massas de sistemas que experimentaram reações químicas e chegou à conclusão de que *nenhuma mudança no peso total em qualquer reação química poderia ser detectada*. Desse modo, ele deu por estabelecida a prova experimental da lei da conservação da massa. Se houvesse qualquer desvio, de acordo com a precisão dos seus experimentos, ele deveria ser menor do que o de um milésimo de grama, o que não era detectável pelos meios disponíveis à época.

Mas, afinal, a massa se conserva?

A partir do advento da teoria da relatividade, sabemos que existem sistemas nos quais a massa muda; os casos mais importantes são aqueles que incluem reações nucleares e partículas elementares, como na desintegração radioativa, na fissão, na fusão. Na aniquilação de pares (elétron – pósitron, próton – antipróton) a massa de repouso desaparece completamente! Ainda de acordo com a relatividade, a massa de uma partícula pode aumentar com o aumento da velocidade! Em todos esses casos, a mudança aparente na massa é equilibrada por uma mudança correspondente na energia! Aqui, então, tocamos no princípio de equivalência entre massa e energia – uma das grandes descobertas da física contemporânea –, que é expressa simbolicamente por aquela famosa fórmula de Einstein que encontramos no Capítulo 1: $E = mc^2$, com E sendo a energia, m a massa e c a velocidade da luz no vácuo.

Um exemplo simples dessa equivalência que acompanha a não conservação da massa pode ser encontrado no átomo de hidrogênio, o primeiro da tabela periódica. O átomo, de massa m_h, é formado por um elétron, de massa m_e, e um próton, de massa m_p. O conjunto forma uma sistema ligado, semelhante ao formado pela Terra e pela Lua ou pelo Sol e um dos planetas. Verifica-se, experimentalmente, que $m_h < m_p + m_e$, ou seja, a massa do átomo de hidrogênio é menor do que a soma das massas de seus constituintes! Essa diferença está associada à energia de ligação do estado fundamental do átomo, que é de $E = 13,6$ eV. Constata-se, então, que $m_p + m_e - m_h = E/c^2 \approx 2,2 \times 10^{-32}$ g. A diferença na massa, no entanto, é tão pequena que não pode ser detectada por meio de qualquer balança existente ou imaginável.

Exemplos desse tipo serão tratados mais detidamente no Capítulo 3.

2.2 A Descoberta da Conservação da Energia

A conservação da energia foi tratada como um caso de descoberta simultânea num famoso artigo do também famoso Thomas Kuhn[6]. No último meio século, muitos historiadores e estudiosos desse período da história da ciência discordaram dessa interpretação. Com efeito, investigar o estabelecimento de um princípio de conservação que se firmou como um dos pilares de todo o edifício científico é tarefa das mais delicadas. Muita gente competente e bem prepa-

---

[6]T. Kuhn, *Energy conservation as an example of simultaneous discovery*, in M. Clagett (ed.), *Critical Problems in the History of Science* (University of Wisconsin Press, Madison, 1959).

rada para a tarefa dedicou-lhe um esforço considerável, na maior parte das vezes sem o sucesso imaginado no início da empreitada.

De qualquer modo, nestas notas, de escopo bem mais modesto e limitado, vamo-nos concentrar em algumas contribuições mais ou menos consensuais para a compreensão desse importante princípio. Trataremos com um pouco mais de detalhes da obra de alguns pesquisadores que se ocuparam do problema, no período histórico compreendido entre os anos de 1840 e 1860. O objetivo é mais o de promover um breve balanço das principais ideias envolvidas no processo do que propriamente o de debruçar-se, com um interesse histórico mais preciso, sobre precedências e prioridades.

O período escolhido parece gozar de um consenso em torno do seguinte fato: em 1840 não se conhecia um princípio de conservação da energia em seu sentido mais amplo; em 1860, ele era uma conquista vitoriosa da nova ciência, uma conquista que teve notável efeito sobre a ciência pura, sobre a filosofia, sobre a literatura e sobre a vida da sociedade, em geral[7].

Trata-se de um período histórico que vai testemunhar um feito admirável, fruto do trabalho coletivo de muitas gerações de pensadores, cientistas e gente de cultura em geral. A tal ponto isso se tornou verdadeiro, que é tentador endossar a afirmação de um famoso historiador da ciência acerca da descoberta[8]:

> Por causa do seu valor prático e de seu interesse intrínseco, o princípio de conservação da energia pode ser considerado como uma das maiores conquistas da mente humana.

Não se pode separar a história da formulação de um princípio de conservação da energia da história do surgimento do próprio conceito de energia. A formulação de um princípio de conservação da *vis viva* foi um passo importante para o estabelecimento de um princípio de conservação da energia mecânica. As bases para essa

---

[7]Y. Elkana, *The Discovery of the Conservation of Energy* (Hutchinson Educational, London, 1974). Usei a tradução italiana de Libero Sosio: *La scoperta della conservazione dell'energia* (Feltrinelli, Milano, 1977), p. 223.

[8]W. Dampier, *A History of Science and its Relation with Philosophy and Religion* (Cambridge University Press, Cambridge, 1949), p. 228.

formulação encontram-se no uso do axioma de Torricelli, feito sobretudo por Huygens.

O conceito físico de trabalho – aperfeiçoado pelos engenheiros franceses – conheceu a sua formulação mais clara em conexão com a necessidade de se compreender o funcionamento das máquinas durante a Revolução Industrial.

Igualmente, os conceitos de trabalho abordados nesse contexto transformaram a mecânica em um sistema teórico com uma sólida base experimental no seio do qual a ideia de conservação surgia quase que naturalmente, ao menos em relação a algumas condições especiais (como, por exemplo, sistemas operando na ausência de atrito).

O conceito de trabalho já tinha sido abordado por Johann Bernoulli em suas análises da obra de Leibniz. É forçoso registrar que foi justamente esse mesmo Bernoulli o primeiro a associar a palavra energia a uma equação, em uma carta a Pierre Varignon, em 1717, um bom tempo antes dos fatos que estamos considerando aqui. O conteúdo dessa carta foi incluído por Varignon em seu livro *Nouvelle méchanique ou statique, dont le projet fut donné en M. DC. LXXXVII* (Nova mecânica ou estática, cujo projeto foi determinado em 1687), publicado postumamente em 1725. Eis o que diz Varignon[9]:

> Por meio de uma carta escrita de Basileia em 26 de janeiro de 1717, o Sr. Johann Bernoulli, depois de haver definido o que ele entende pela palavra *Energia*, da maneira que se verá pela definição que segue, me disse que em *todo o equilíbrio de forças quaisquer, de qualquer maneira que elas sejam aplicadas umas sobre as outras, ou mediatamente ou imediatamente, a soma das energias afirmativas será igual à soma das energias negativas, tomadas afirmativamente* (ênfases no original).

Um pouco mais adiante, Varignon trata de tornar quantitativamente mais claro o conceito introduzido por Bernoulli e o associa explicitamente a uma definição[10]:

---
[9] P. Varignon, *Nouvelle méchanique ou statique, dont le projet fut donné en M. DC. LXXXVII* (Jombert, Paris, 1725), Tome 2, p. 174.
[10] P. Varignon, *op. cit.*, pp. 175-176. Um estudo detalhado desse problema pode ser encontrado em L. C. Gomes, *Uma Representação Social dos Autores dos Livros*

[...] Tome, portanto, PC perpendicular a fp e você terá CP para a velocidade virtual da força F. Assim, F×Cp é o que chamo de *Energia* (ênfase no original).

Na sequência do trabalho, Varignon esclarece o que entende por energias afirmativas e energias negativas para, enfim, enunciar a proposição geral (esboçada acima) de autoria de Bernoulli. É curioso observar que esse uso do termo "energia" (ainda associado a uma potência) aparece mais de um século antes do enunciado mais geral da conservação da energia, que teria de passar pelo estabelecimento, antes, de um equivalente mecânico para o calor.

Aqui entra em cena, mais uma vez, o conceito de trabalho.

O Teorema do Trabalho – Força Viva

Na obra de Lazare-Nicolas-Marguerite Carnot (1753 – 1823), engenheiro militar[11], aluno de d'Alembert e pai de Sadi Carnot – figura central na história da termodinâmica, da qual nos ocuparemos mais adiante – , é possível encontrar uma expressão matemática do princípio de conservação da força viva, numa forma que mais tarde conheceríamos como o teorema do trabalho-energia cinética.

Essa formulação foi apresentada na obra *Essai sur les machines en général* (Ensaio sobre as máquinas em geral), de 1783, que é o resultado de outra obra, proposta por Carnot em resposta a um desafio lançado pela Academia de Ciências de Paris, por meio de um concurso premiado sobre o tema "teoria das máquinas simples no que diz respeito ao atrito e à rigidez do cordame". O texto submetido por Carnot não foi o vencedor (recebeu uma menção honrosa; o vencedor foi o de Coulomb, uma dissertação sobre o atrito[12]), mas foi o ponto de partida para essa sua primeira publicação, que

---

Didáticos de Física sobre o Conceito de Calor, Tese de Doutorado, (PCM-UEM, Maringá, 2012). Veja, em particular, p. 28.

[11] É importante figura na história da França. Remodelou os exércitos revolucionários franceses, transformando-os em uma força de combate eficiente. Era o único general de Napoleão que não tinha sido derrotado. Por seus importantes serviços, foi chamado de "organizador da vitória".

[12] C. C. Gillespie, no verbete LAZARE CARNOT, do *Dicionário de Biografias Científicas* (Contraponto, Rio de Janeiro, 2007), vol. I. Outro texto que receberia apenas uma menção honrosa, desta feita da Academia de Berlim, foi a base do trabalho,

inaugura "a literatura peculiarmente francesa na engenharia mecânica"[13]. A formulação do princípio de continuidade do princípio da força viva afirmava que uma condição de máxima eficiência de uma máquina ocorria quando a potência fosse transmitida sem percussão ou turbulência.

Carnot chama de *momento de atividade* aquela quantidade que, mais tarde, em 1829, Coriolis chamará de *trabalho*, depois de ter introduzido o fator 1/2 na força viva. A definição de Carnot estabelece que[14]:

> Se uma força P é exercida com a velocidade u, e o ângulo formado entre u e P é z, a quantidade $P \cos z u dt$, na qual dt exprime o elemento de tempo, será chamada de *momento de atividade* consumido pela força P durante dt (ênfase no original).

Um pouco mais adiante, tratando do equilíbrio de uma máquina, Carnot afirma que "é suficiente provar que se se abandona essa máquina a si mesma, o centro de gravidade do sistema não desce mais no equilíbrio". Como mencionamos acima, é claro nessas reflexões o uso do axioma de Torricelli, ligado ao movimento do centro de gravidade na queda livre de corpos formados por outros corpos de massa menor.

Em várias passagens da obra, Carnot identifica o trabalho (o momento de atividade) com a energia cinética (sem empregar esses termos, ainda se referindo ao antigo termo *vis viva*). Uma passagem representativa da obra é bem explícita a esse respeito[15]:

> Já que $1/2MW^2$ ou MgH é o momento de atividade, produzido por uma carga Mg, elevada a uma altura H, segue evidentemente que *de qualquer maneira que se use para elevar uma certa carga a uma altura dada, ocorre que as forças que são*

---

publicado em 1797: *Réflexions sur la métaphysique du calcul infinitésimal* (Reflexões sobre a metafísica do cálculo infinitesimal).

[13] *Ibid.*, p. 406.

[14] L. Carnot, *Essai sur les machines en général* in *Ouvres mathématiques du citoyen Carnot* (J. Decker, Paris, 1797), p. 69.

[15] *Ibid.*, pp. 85-86.

> *empregadas para produzir o efeito consomem um momento de atividade que é igual ao produto desses pesos pela altura à qual foi elevada* (ênfase no original).

Aqui, M denota a massa e g a aceleração da gravidade (o produto Mg representa uma carga ou um peso que sirva de carga ou de força motriz), enquanto que W é a velocidade instantânea. A identificação dos dois termos de uma igualdade é imediata: ele define a metade da força viva como o momento de atividade (para nós, o trabalho). De um modo geral, Carnot introduz esses conceitos num contexto de análise do desempenho dessas máquinas, para o entendimento das quais contribui de maneira inegável. Em 1803 publicou outra grande obra, os *Principles géneraux de l'équilibre et du mouvement* (Princípios gerais do equilíbrio e do movimento), onde introduziu um conceito que, na mecânica posterior, viria a ser identificado com o deslocamento virtual.

Alguns anos depois, Gaspard-Gustave Coriolis (1792 – 1843), nascido em Paris e formado pela Escola de Pontes e Estradas, publicou em 1829 a obra intitulada *Du calcul de l'effet des machines* (Sobre o cálculo do efeito das máquinas), que representou uma contribuição de relevo para a consolidação e o uso, sobretudo aplicado, do conceito de trabalho. Já nas primeiras linhas da obra a sua intenção é manifesta[16]:

> Eu me propus apresentar nesta obra todas as considerações gerais que tencionam esclarecer as questões relativas à economia do que é comumente chamado de *força* ou *potência mecânica*, e de fornecer os meios de reconhecer facilmente quais são as vantagens e os inconvenientes de certas disposições para a construção de uma máquina (ênfases no original).

Em seguida, ele introduz uma terminologia de grande utilidade, mencionando as novas denominações – o que, por si só, representa um avanço no esclarecimento do conceito – das quantidades que ele usará na obra. Diz ele[17]:

---

[16] G. G. Coriolis, *Du calcul de l'effet des machines* (Carlian-Goeury, Paris, 1829), p. I.

[17] *Ibid.*, p. III.

Eu empreguei nesta obra algumas denominações novas: eu designo pelo nome de TRABALHO a quantidade que é chamada assaz comumente de POTÊNCIA MECÂNICA, QUANTIDADE DE AÇÃO ou EFEITO DINÂMICO, e eu proponho o nome de DYNAMODE para a união dessas quantidades [...]. Eu me permiti, ainda, uma ligeira inovação ao chamar de FORÇA VIVA o produto do peso pela altura devida à velocidade. Esta força viva não é senão a metade do produto que é designado até o presente por este nome, ou seja, (o produto) da massa pelo quadrado da velocidade (as maiúsculas são do original).

Coriolis considera que se a força for F e P for a componente da força ao longo do arco descrito por ds, sendo δ o ângulo formado pela força e pelo elemento de arco ds, então $P = F \cos \delta$. Assim, $Pds = F \cos \delta ds$. Por outro lado, se df for a projeção do arco ds ao longo da direção da força F, então $P\,ds = F\,df$ e, consequentemente, $\int P\,ds = \int F\,df$. Ora, ele diz, a expressão *quantidade de ação* que alguns geômetras usam para designar a quantidade $\int Pds$ tem o inconveniente de envolver a palavra ação. Isso, por sua vez, remete à acepção de força (por causa dos termos ação e reação). De igual modo, o termo *potência mecânica* é inconveniente, pois a palavra potência se encontraria destituída de seu significado ordinário. Diante disso, ele propõe nova denominação[18]:

Nós propomos a denominação de TRABALHO DINÂMICO, ou simplesmente de trabalho, para a quantidade $\int Pds$ definida como dissemos (as maiúsculas são do original).

Ele, igualmente, precisa esclarecer o que entende, de fato, por força viva[19]:

Quanto à denominação de força viva, dada até o presente às quantidades da forma pv^2/g, isto é, ao produto da massa pelo quadrado da velocidade – nós a conservaremos para não introduzir novos termos apenas – , nós aplicaremos esta denominação à metade desse produto, de sorte que a força viva será o produto da massa pela metade do quadrado

---

[18] *Ibid.*, p. 17.
[19] *Ibid.*

da velocidade. Esta ligeira modificação no uso antigo introduzirá maior simplicidade nos enunciados de princípios que teremos de fazer.

Depois desses esclarecimentos, encontramos um enunciado para o teorema do trabalho – energia cinética[20], representado pela equação

$$\sum \int P ds - \sum \int P' ds' = \sum \frac{pv^2}{2g} - \sum \frac{pv_0^2}{2g},$$

na qual v_0 designa a velocidade de um ponto qualquer do sistema nos instantes iniciais e v, a velocidade final desse mesmo ponto. O lado esquerdo da equação representa a soma dos trabalhos elementares das forças que são aplicadas aos diferentes pontos do sistema. Prossegue ele[21]:

> Servindo-nos das denominações que acabamos de estabelecer, podemos enunciar como segue: *em qualquer sistema de corpos em movimento, a diferença entre a soma das quantidades de trabalho devidas às forças motrizes e a soma das quantidades de trabalho devidas às forças resistentes, durante um certo tempo, é igual à variação da soma das forças vivas de todas as massas do sistema durante o mesmo tempo* (a ênfase é do original).

As principais ideias consideradas até aqui atestam a preocupação dos engenheiros franceses, entre os quais devemos mencionar ainda Claude Louis-Marie-Henri Navier (1785 – 1836) e Jean-Victor Poncelet (1788 – 1867), com o desempenho das máquinas. Mas, para que esse desempenho fosse de fato compreendido e, sobretudo, melhorado, o ponto de vista da mecânica racional e todo o seu formalismo revelar-se-iam insuficientes.

A termodinâmica vai se consolidar a partir do estudo dos problemas reais envolvendo o rendimento e o desempenho das máquinas

---

[20] Aqui, a denominação mais apropriada deveria ser de teorema do trabalho – força viva, já que Coriolis ainda emprega a expressão força viva para designar o que hoje conhecemos por energia cinética. O termo *energia cinética* será empregado por Lord Kelvin, em substituição à designação de "energia atual ou sensível", proposta por Rankine, em 1853.

[21] G. G. Coriolis, *op. cit.*, p. 18.

térmicas, sobre as quais foi construída a chamada primeira Revolução Industrial. Nesse cenário, tornam-se muito importantes também as ideias pioneiras sugerindo uma interconversão entre calor e trabalho. Essa interconversão (ou equivalência) é que vai possibilitar o enunciado de uma conservação generalizada de todas as formas de energia, que será o objeto desta parte final do capítulo.

Mayer e Conservação da Energia

Segundo o historiador Y. Elkana, o primeiro autor a se interessar pela história da descoberta do princípio da conservação da energia, no século XX, foi o inglês George Sarton. Ele a atribuiu ao trabalho de "dois gênios", o alemão Julius Robert Mayer (1814 – 1878) e o inglês James Prescott Joule (1818 – 1889)[22]:

> A descoberta da existência de uma relação invariável entre calor e trabalho foi feita independentemente e quase que ao mesmo tempo por dois homens que eram o oposto um do outro e cujos processos de pensamento eram tão diferentes quanto suas personalidades.

O papel do primeiro, mais filósofo segundo Sarton, foi decidido por meio de uma intuição muito forte e repentina que ele teve ao exercer a sua profissão de médico em um barco. Essa descoberta, semelhante a uma conversão religiosa, determinou o curso posterior de sua vida, que passaria toda a ela a ser dedicada à sua melhor compreensão e desenvolvimento. A passagem é célebre e merece ser reproduzida[23]:

> J. R. Mayer era um médico alemão com escassos conhecimentos de física e de matemática. Durante o seu serviço como médico de bordo em um barco holandês descobriu, por uma intuição imprevista, a lei da conservação da energia. Esta grande descoberta, comparável pela sua rapidez, a uma conversão religiosa, teve lugar enquanto ele se encontrava no porto de Surabaya (Nordeste de Java) em julho de 1840.

---

[22] G. Sarton, *The Discovery of the Law of Conservation of Energy*, Isis, **13** (1929), p. 19.

[23] *Ibid.*

Mayer diz ter observado que nos trópicos o sangue venoso dos marinheiros europeus apresentava-se com um vermelho mais vivo. Este seria o sinal da presença de mais oxigênio no sangue. Isso ocorreria porque a temperatura nos trópicos é maior do que no continente europeu. Logo, uma menor produção de calor seria suficiente para manter o corpo a uma temperatura constante, e ele desaceleraria o seu ritmo, requerendo menos oxigênio para realizar a combustão química dos alimentos. Assim, sobraria oxigênio e o sangue ficaria mais brilhante.

O que essa observação tem realmente a ver com a conservação da energia?

Costuma-se afirmar que ela teria levado Mayer a especular sobre uma possível relação entre o calor animal e as reações químicas[24]. Isso é particularmente curioso porque parece que o sangue venoso não é de um vermelho mais brilhante nos trópicos[25]. De qualquer modo, a estrita veracidade dessa informação talvez não importe muito, já que o que efetivamente importa é que essa foi a motivação para que Mayer pensasse no problema, intuísse o papel do calor animal e se propusesse a abordar o problema da equivalência entre as formas de energia. Foi esse o ponto de partida de uma obra que o conduziria a algumas conclusões decisivas para o estabelecimento do princípio de conservação da energia em sua forma geral.

Em resumo, parece haver um certo consenso entre os historiadores em se admitir que a construção conceptual do princípio de conservação da energia, na obra de Mayer, comece com a análise de um fenômeno fisiológico: a observação da cor do sangue nos países tropicais.

Em 1841, no ano do seu retorno da viagem, Mayer enviou ao periódico *Annalen der Physik und Chemie* um artigo contendo as ideias básicas sobre a interconversão (equivalência) entre calor e trabalho, sugerindo uma equivalência e conservação geral de todas as formas da energia.

---

[24]G. Holton and S. Brush, *Introduction to Concepts and Theories in Physical Science* (Addison-Wesley, Reading, Mass., 1973), p. 269.

[25]*Ibid.*

O artigo *Über die quantitative und qualitative Bestimmung der Kräfte* (Sobre a determinação quantitativa e qualitativa das forças) contém o argumento que propõe uma *Erhaltungssatz der Kraft*, ou seja, uma espécie de lei de conservação para a energia. Mayer, porém, não tinha uma formação mais rigorosa em física; o trabalho carecia de uma melhor fundamentação e não foi publicado (nem sequer mandado de volta ao autor!)[26].

Mayer, no entanto, continuou a perseguir a ideia com firmeza e chegou a discuti-la com o professor de física Johann Gottlieb Nörrenberg (1787 – 1862), da Universidade de Tubingen. Embora rejeitasse a hipótese de Mayer, esse professor fez-lhe uma série de sugestões valiosas, indicando-lhe, inclusive, como a questão poderia ser afrontada experimentalmente. Esse é o ponto crucial e será abordado por Mayer numa versão mais curta daquele primeiro texto.

A nova versão foi mandada, em 1842, ao químico Justus von Liebig que, juntamente com Friedrich Wöhler, era o editor da revista *Annalen der Chemie und Pharmacie*. O artigo foi aceito e tem por título: *Bemerkungen über die Kräfte der unbelebten Natur* (Observações sobre as energias da natureza inorgânica). As primeiras palavras do artigo são[27]:

> As páginas que seguem são concebidas como uma tentativa de responder às questões: O que entendemos por "forças" (*Kräfte*)? e como as diferentes forças estão relacionadas umas com as outras? Enquanto o termo matéria implica a posse, pelo objeto ao qual é aplicado, de propriedades bem definidas, como peso e extensão, o termo força transmite para a maioria a ideia de alguma coisa desconhecida, insondável e hipotética.

Na passagem mais citada desse artigo de Mayer, que é aquela

---

[26] A ausência dessa melhor fundamentação pode ter sido a principal razão para que o editor da revista, o conceituado físico Johann Christian Poggendorff (1796 – 1877), o rejeitasse. De fato, o artigo será encontrado entre os pertences de Poggendorff trinta e seis anos depois.

[27] J. R. Mayer, *Annalen der Chemie und Pharmacie*, **43**, 233 (1842). Usei a tradução inglesa de G. C. Foster: *Remarks on the Forces of Inorganic Nature*, Philosophical Magazine **4** 24, 371 (1862).

em que ele faz uso de um raciocínio qualitativo, fortemente calcado em suas intuições de "filósofo", como lhe chamaria G. Sarton, encontra-se o esforço de definir o que são essas forças (Kräfte)[28]:

> As forças (Kräfte) são causas; por conseguinte, podemos aplicar-lhes plenamente o princípio de que – *causa aequat effectum* (a causa é igual ao efeito). Se a causa c tem o efeito e, então $e=c$; se e é, por sua vez, a causa de um segundo efeito f, então obtemos $e=f...=c$. Em uma cadeia de causas e efeitos, nenhum membro ou nenhuma parte de membro pode se tornar nula, como fica claro da natureza de uma equação. Esta primeira propriedade de todas as causas nós a designamos como *indestrutibilidade*. [...] se, depois de produzir o (efeito) e, ainda permanece a (causa) c no seu todo ou em parte, deve haver outros efeitos ($f, g, ...$) correspondentes à causa que ainda resta. Por conseguinte, uma vez que c se converte em e, e e em f, etc. devemos encarar essas grandezas como formas diferentes com as quais uma mesma entidade se manifesta. Esta capacidade de assumir distintas formas é a segunda propriedade essencial de todas as causas. Considerando em conjunto ambas as propriedades, podemos dizer que as causas são objetos (quantitativamente) *indestrutíveis* e (qualitativamente) *conversíveis*.... As energias são, portanto, objetos *imponderáveis, indestrutíveis e conversíveis* (ênfases no original).

O fato de essas forças (energias) serem ou não causas é bastante discutível, como é discutível a lógica empregada por Mayer. Entretanto, esta é claramente uma afirmação da equivalência dessas diversas "causas" e, implicitamente (tornando-se mais explícita na continuação do artigo) uma equivalência entre as diversas formas de energia. Mais especificamente, há uma equivalência afirmada entre a forma de energia conhecida como força de queda e movimento (diríamos hoje: potencial e cinética, mas esses termos, como dissemos, serão introduzidos mais tarde, nas obras de Rankine e Kelvin) e o calor[29].

---

[28] Ibid.
[29] Ibid.

> Em inumeráveis casos vemos que o movimento cessa sem ter causado outro movimento ou a elevação de um peso; porém, a energia, uma vez que exista não pode ser aniquilada, ela pode somente mudar sua forma; e, portanto, surge a questão: Que outra forma de energia, além daquelas com as quais estamos familiarizados como a força de queda e movimento, é capaz de assumir? Somente a experiência pode conduzir-nos a uma solução sobre esse ponto. [...] Se, por exemplo, esfregarmos duas placas de metal, veremos o movimento desaparecer e o calor, por outro lado, aparecer; e temos agora de nos perguntar somente se o movimento é a causa do calor, o movimento não tem qualquer outro efeito além da produção do calor, e o calor (não tem) qualquer outra causa senão o movimento.

Havendo, portanto, estabelecido essa equivalência entre as formas de energia conhecidas e o calor, Mayer chega à parte conclusiva do trabalho com uma pergunta da maior importância, ou seja, "que quantidade de calor corresponde a uma dada quantidade de energia de movimento ou de força de queda (cinética e potencial)?".

A resposta será dada por ele em trabalhos posteriores. De modo particular, no artigo *Die organische Bewegung im Zusammenhang mit dem Stoffwechsel* (O movimento orgânico em conexão com o metabolismo), de 1845, ele obtém os valores (em unidades mais recentes) de 365 kgf.m/kcal, para o (mais tarde denominado de) equivalente mecânico. Depois, ele obtém o valor de 425 kgf.m/kcal. Os valores mais aceitos atualmente são de 4,184 kJ/kcal (ou 426,6 kgf.m/kcal).

Em linhas gerais, estava estabelecida a equivalência entre as formas de energia conhecidas e, além disso, em vista do forte argumento de Mayer acerca da indestrutibilidade dessas "causas" e de sua interconversão, estava também estabelecido o princípio de conservação dessas forças (Kräfte), ou o princípio de conservação da energia. O uso desse termo (Kraft) com o sentido de "energia" também ainda não estava claro. Se nos reportarmos à primeira das citações que reproduzimos de Mayer, veremos que ele opta por afirmar que o termo "força", diferentemente do termo "matéria", era muito mais ambíguo. Voltaremos a essa questão mais adiante.

Mayer continuou a trabalhar intensamente em defesa de seus

pontos de vista, que foram sendo burilados em trabalhos posteriores e estendidos a outros contextos científicos, na biologia, na química e também na astronomia. Mesmo assim, pouca atenção foi dada ao seu trabalho nos primeiros anos. Isso é particularmente curioso porque outros cientistas também se ocupavam de problemas semelhantes àquela época. O reconhecimento viria mais tarde, estimulado principalmente pelos próprios desenvolvimentos da ciência e dos problemas relativos ao calor. Junte-se a essa falta de reconhecimento a perda de dois de seus filhos, em um curto período de tempo, durante o ano de 1848.

Depois disso tudo, ele foi levado a tentar o suicídio e acabou por recolher-se a uma instituição para doentes mentais, onde passou mais de um ano, tendo saído em 1854. Mais tarde, testemunhou o reconhecimento gradativo em vários círculos importantes[30]. Recebeu um doutorado honorário da Universidade de Tubingen, em 1859. O valor do seu trabalho foi sublinhado de maneira decisiva sobretudo por John Tyndall (1820 – 1893), depois de conferências na *Royal Institution*, de Londres[31].

Mayer morreu de tuberculose no dia 20 de março de 1878, em Heilbronn, a mesma cidade em que nasceu na Alemanha.

A Obra de Joule

James Prescott Joule nasceu em Salford, perto de Manchester, no Reino Unido, na véspera de Natal de 1818. Filho de um próspero cervejeiro da região, foi educado em casa até os dezesseis anos. Aos dezessete, foi estudar, junto com seu irmão, sob a supervisão do grande químico John Dalton (que teve de se aposentar, dois anos depois, ao sofrer um acidente vascular cerebral!). A despeito desse pouco tempo juntos, parece que esse período foi de importância para despertar-lhe o interesse por ciência. Acrescente-se a isso o fato de que Joule era independente financeiramente. Assim,

---

[30] K. L. Caneva, *Robert Mayer and the Conservation of Energy* (Princeton University Press, Princeton, 1993).

[31] J. Tyndall, *Heat considered as a mode of motion* (D. Appleton and Company, New York, 1862). Trata-se de um curso baseado em doze aulas ministradas na *Royal Institution* no ano de 1862.

ocupar-se de ciência representava para ele mais uma espécie de entretenimento nesses anos iniciais.

Em 1838, aos vinte anos, ele converteu um dos quartos da casa paterna em um laboratório e começou as suas investigações experimentais. Naquele ano publicou o seu primeiro (e curto) artigo, embora o primeiro trabalho importante a ser publicado por ele tenha sido apresentado à *Royal Society* somente em 1842[32]. Nesse trabalho, ele mostrou que a taxa com a qual o calor é gerado por uma corrente elétrica em um condutor é proporcional ao quadrado da corrente, sendo a constante de proporcionalidade nada mais nada menos que a resistência do condutor[33]. Aos 22 anos, começaram seriamente as investigações que ocupariam a maior parte de sua vida!

Nos anos seguintes, Joule continuaria a realizar uma série de experimentos envolvendo o calor e efeitos térmicos. A motivação para esse trabalho era ditada pela convicção de que quando o trabalho mecânico se converte em calor, em qualquer circunstância, a razão entre o trabalho realizado e o calor desenvolvido tem um valor constante e mensurável. Ao final desse período, ele publica valores mais precisos para o equivalente mecânico dessa conversão. Nesse meio tempo, há uma sucessão de resultados importantes, comunicados com certa frequência à *Royal Society*.

Em 1843 anunciou os primeiros resultados encontrados para a razão entre o trabalho mecânico necessário para o funcionamento de um gerador elétrico e o calor produzido por essa corrente elétrica. Escreve ele[34]:

> A quantidade de calor capaz de aumentar a temperatura

---

[32] M. H. Shamos (ed), *Great Experiments in Physics* (Dover Publications, New York, 1959), p. 168.

[33] J. P. Joule, *On the heat evolved by metallic conductors of electricity in the cells of a battery during electrolysis*, Philosophical Magazine **XIX**, 260 (1841). O trabalho está reproduzido nos *Scientific Papers of James Prescott Joule*, publicados pela *Physical Society of London*, 1884, p. 65. Doravante, as citações dos trabalhos de Joule se referem a essa edição.

[34] No trabalho *On the calorific effect of Magneto-Electricity, and the Mechanical Value of Heat* (Sobre o efeito calorífico da magnetoeletricidade, e o valor mecânico do calor), Philosophical Magazine **XIX**, pp. 263, 347 e 435 (1843). *Scientific Papers of James Prescott Joule*, op. cit., p. 156.

de uma libra de água de um grau na escala de Fahrenheit é igual a, e pode ser convertida em, uma força mecânica capaz de elevar 838 libras a uma altura vertical de um pé.

Essa primeira estimativa fornece, em unidades atualmente empregadas, um equivalente mecânico tal que a uma caloria devem corresponder 4,51 joules[35]. Em um pós-escrito a esse mesmo artigo, ele dizia[36]:

> Seremos obrigados a admitir que o conde Rumford estava certo ao atribuir o calor desenvolvido na perfuração dos canhões à fricção (e não, em qualquer grau considerável) a qualquer mudança na capacidade do metal. Recentemente, eu provei experimentalmente que calor é desenvolvido pela passagem da água através de tubos estreitos.[...] Eu, portanto, obtive um grau de calor por libra de água de uma força mecânica capaz de elevar cerca de 770 libras à altura de um pé, um resultado que permite uma forte confirmação de nossas deduções anteriores.

Essa nova estimativa corresponde, em nossas unidades atuais, a um equivalente de 4,14 joules/cal. Aqui, curiosamente, irrompe o chamado espírito de "metrologista", que o historiador George Sarton atribui a Joule, quando contrapõe o seu caráter ao de Mayer. Ele se refere a Joule dizendo que "o seu interesse principal residia nas medidas exatas e o seu gênio especial se revelou principalmente na invenção de métodos que permitiram obter uma precisão sempre maior em experimentos quantitativos"[37].

---

[35] O anacronismo aqui é deliberado, pois usamos uma unidade de energia que, obviamente, não existia no tempo de Joule. Aliás, o seu nome foi associado à unidade de energia (no Sistema Internacional) como uma homenagem merecida por seus esforços em medi-la de maneira precisa. Para uma compreensão mais detalhada desses números, vamos valer-nos do anacronismo já cometido e usar os valores e expressões atualmente aceitos para as grandezas envolvidas no trabalho de Joule. Tomaremos os seguintes números: 1 lb = 0.4536 kg, 1 pé = 0.3048 m, 1 F = 5/9 K e g= 9.8067 m/s^2. Considerando o calor específico da água à pressão de 1 atm como c = 1 cal/g°K, teremos $Q = 453,6$ g $\times$ 1 cal/g°K $\times$ 5/9 K $\approx$ 252 cal. Por outro lado, a "força mecânica" envolvida na elevação da massa à altura de 1 pé seria dada por $E_p = 838 \times 0.4536$ kg $\times 9.8067$ m/s$^2 \times 0.3048$ m ≈ 1136 J. A razão entre essas duas quantidades fornece o valor aproximado de 4,51 J/cal.

[36] *Scientific Papers of James Prescott Joule*, op. cit., p. 159.

[37] G. Sarton, op. cit., p. 21.

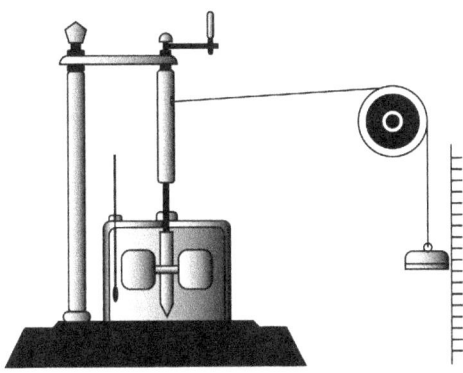

Figura 2.1: Reprodução de um dispositivo usado por Joule nos experimentos feitos para a determinação do equivalente mecânico do calor.

No artigo que estamos analisando, Joule não parece preocupado em se pronunciar sobre a natureza do calor ou continuar os seus experimentos ao longo da linha de investigação desenvolvida por Rumford. Ele aceita a equivalência e vai adiante, procurando estabelecê-la em bases quantitativas[38]:

> Não perderei tempo repetindo e estendendo estes experimentos, pois me satisfaz que os grandes agentes da Natureza sejam, por vontade do Criador, *indestrutíveis*; e que quando a força mecânica se consome, obtém-se *sempre* uma quantidade equivalente de calor (ênfases no original).

A sua investigação procede. Em 1847, ele obtém o valor de 4,20 joules/caloria; em 1850, ele publica uma memória nas *Philosophical Transactions* que contém o seu valor mais preciso para o equivalente mecânico do calor, de 4,15 joules/caloria, incluindo o famoso experimento envolvendo as pás (veja a Fig. 2.1)[39].

> Eu considero que 772,692, o equivalente derivado da fricção da água, é o mais correto, tanto por causa do número de

---

[38] *Scientific Papers of James Prescott Joule*, op. cit., pp. 159-160.
[39] *Ibid.*, p. 328.

> experimentos analisados quanto pela grande capacidade do aparelho para o calor [...] concluirei, portanto, considerando como demonstrado pelos experimentos contidos no artigo, 1) *que a quantidade de calor produzida pela fricção dos corpos, sejam sólidos ou líquidos, é sempre proporcional à quantidade de força despendida* e 2) *que a quantidade de calor capaz de aumentar a temperatura de uma libra de água (pesada no vácuo, e tomada entre* 55° *e* 60°) *de* 1° *F, requer para sua evolução o consumo de uma força mecânica representada pela queda de* 772 *libras de uma altura de 1 pé* (ênfase no original).

Em 1850, depois de dez anos de atividade, Joule viu os seus trabalhos serem levados mais a sério, mas a aceitação inicial, a exemplo do que ocorreu com Mayer, não foi entusiasmante.

Há um episódio que ilustra bem essa falta de interesse inicial por seus resultados.

Em 1847, ao fazer a comunicação geral de seus experimentos em uma reunião da *British Association*, em Oxford, o presidente da sessão pediu-lhe uma "breve descrição oral" porque as suas comunicações anteriores "não tinham despertado interesse geral"[...] "Eu procedi dessa maneira, e como a discussão não surgia, teria passado sem comentários se não se tivesse levantado um jovem e criado, com suas inteligentes observações, um vivo interesse pela nossa teoria. Este jovem era William Thomson" (mais tarde, Lorde Kelvin).

Esse memorável encontro também foi registrado por Lorde Kelvin, que o narra da seguinte maneira[40]:

> Nunca me esquecerei da British Association em Oxford, no ano de 1847, quando, em uma das sessões, eu ouvi ler um artigo por um jovem de aspecto muito modesto que, por suas maneiras, parecia não ter consciência do fato de que estava explicando uma grande ideia. Fui tocado fortemente por aquela comunicação. Pensei inicialmente que não podia ser verdadeira, pois era diferente da teoria de Carnot, e imediatamente depois da leitura daquele artigo troquei algumas palavras com o autor, James Joule, que foram o

---

[40] E. C. Watson, *Joule: Only General Exposition of the Principle of Conservation of Energy*, American Journal of Physics **15**, (1947), pp. 383-384.

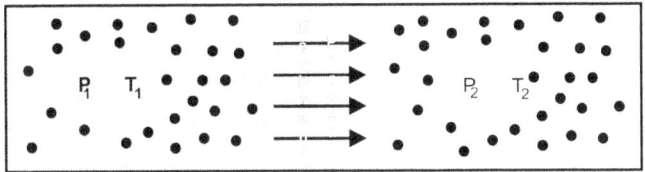

Figura 2.2: Ilustração do efeito Joule-Thomson. Quando o gás se expande, a distância média entre as moléculas aumenta, e aumenta igualmente a energia potencial do gás. Num sistema isolado, a energia total do gás se conserva. O aumento da energia potencial implica diminuição da energia cinética e, consequentemente, diminuição de temperatura.

> início de nosso conhecimento e amizade de quarenta anos. Na noite daquele mesmo dia, aquela inestimável instituição da British Association, que é a conversação, nos deu a oportunidade de uma boa hora de conversa e discussão sobre tudo aquilo que cada um de nós sabia de termodinâmica. Adquiri ideias que nunca tinham me passado pela mente e acredito ter-lhe sugerido alguma coisa que mereceu a sua consideração quando lhe falei da teoria de Carnot.

Depois de 1850, Joule levou a cabo uma série de outros experimentos para determinar o equivalente mecânico do calor. Esses trabalhos todos tiveram papel decisivo para a aceitação de um princípio geral de conservação da energia, que começava a ter grandes defensores. Nesse período, ainda, ele realizou o famoso experimento em colaboração com Lorde Kelvin e que ficou conhecido como efeito Joule-Thomson. Nesse experimento, mostra-se o resfriamento de um gás em virtude da separação das moléculas, na expansão, por meio de uma membrana porosa (Fig. 2.2).

Em 1878, ele determinou, mais uma vez, o peso, em libras, que pode ser erguido a uma altura de um pé pela quantidade de calor necessária para aquecer, de um grau, uma libra de água. É esse número (772,55) que encima a pedra tumular de Joule no cemitério *Brooklands*, na cidade de Sale, perto de Manchester. Ali também se pode ler a inscrição retirada do Evangelho de São João: "Convém que eu faça as obras daquele que me enviou, enquanto é dia; a noite vem, quando ninguém pode trabalhar" (Jo 9, 4).

No final da vida, Joule teve problemas financeiros e não pôde mais desenvolver as pesquisas às próprias custas, como sempre fez. Entretanto, ele pôde testemunhar o reconhecimento de seu trabalho. E as gerações seguintes também o fizeram. A Resolução de número 3, da IX Conferência Geral de Pesos e Medidas (1948), estabeleceu que "a unidade de quantidade de calor é o joule"[41].

Muitos outros cientistas têm o seu nome ligado direta ou indiretamente ao princípio de conservação da energia ou, ao menos, estiveram muito próximos de estabelecer em bases sólidas os conceitos e experimentos necessários para a sua enunciação. O filósofo Thomas Kuhn, no artigo já mencionado[42], cita doze desses nomes, como, de algum modo, conhecedores da equivalência entre calor e trabalho, ou como conhecedores da possibilidade de que essas formas de energia fossem intercambiáveis.

O seu argumento pode ser resumido da seguinte maneira. Entre 1842 e 1847, a hipótese de conservação da energia foi publicamente anunciada por quatro cientistas espalhados pela Europa, a saber Julius Robert Mayer (1814 – 1878) e Hermann Ludwig Ferdinand von Helmholtz (1821 – 1894), na Alemanha; James Prescott Joule (1818 – 1889), na Inglaterra, e Ludwig August Colding (1815 – 1888), na Dinamarca.

Por outro lado, Nicolas Léonard Sadi Carnot (1796 – 1832), antes de 1832, Marc Séguin (1786 – 1875), em 1839, Gustave-Adolphe Hirn (1815 – 1890), em 1854 – os três na França – e Karl Holtzmann (1811 – 1865), em 1845, na Alemanha, registraram suas convicções independentes de que o calor e o trabalho são quantitativamente equivalentes. E, mais, forneceram um valor numérico para esse equivalente.

Entre 1837 e 1844, Karl Friedrich Mohr (1806 – 1879) e Justus von Liebig (1803 – 1873), na Alemanha, William Robert Grove (1811

---

[41]*Comptes rendus de la 9a. CGPM* **1949**, *55* (1948).

[42]T. Kuhn, *Energy conservation as an example of simultaneous discovery*, in M. Clagett (ed.), *Critical Problems in the History of Science* (University of Wisconsin Press, Madison, 1959), p. 321.

– 1896) e Michael Faraday (1791 – 1867), na Inglaterra, todos eles descreveram o mundo dos fenômenos como manifestando uma única "força" que não podia ser criada nem destruída.

O ambiente estava maduro para o resultado. Confirma-se o período que vai de 1840 a 1860 como aquele que verá o surgimento do princípio de conservação da energia (na primeira década) e a sua consolidação e aceitação por uma ampla comunidade científica espalhada pelo mundo, dali por diante.

Naqueles primeiros anos depois dos trabalhos de Mayer e Joule, houve uma divisão bem nítida entre as comunidades de origem alemã e inglesa a respeito da prioridade sobre a ideia de conservação generalizada da energia. No início, o principal partidário de Joule era ele mesmo, que afirmou que[43]:

> Nem nos escritos de Séguin (1839) nem nos de Mayer, de 1842, se encontravam provas que fossem suficientes para sua admissão, sem uma investigação posterior. [...] Parece que Mayer se precipitou em publicar suas teorias com o propósito expresso de assegurar-se de sua prioridade. Não esperou até poder apoiá-la com os fatos. Minha marcha, pelo contrário, foi publicar somente as teorias que tinha comprovado experimentalmente antes de apresentá-las ao público científico, bem convencido da verdade da observação de Sir J. Herschel, quando dizia: "as generalizações precipitadas são a ruína da ciência".

Mas ele não ficou sem uma espécie de "troco" da parte alemã. É Helmholtz quem vai responder, invocando as grandes linhas de seu pensamento acerca do que acreditava fosse o objetivo final de toda a ciência natural, a saber, "a descoberta das causas últimas imutáveis dos fenômenos naturais". Embora Helmholtz, em seu trabalho, fale sempre de uma postura empírica, a sua posição reflete a importância dessa busca de princípios gerais, que ele herdou da tradição alemã de pensamento, desde Leibniz, Kant e Fichte. Afirma Helmholtz[44]:

---

[43] G. Holton and S. G. Brush, *op. cit.*, pp. 274-275.
[44] *Ibid.*

> O progresso da ciência natural depende de que as novas ideias (teorias) possam deduzir-se continuamente dos fatos de que se dispõe; e que as consequências dessas ideias, no que se refere a novos fatos, possam comprovar-se experimentalmente. [...] Porém, a fama do descobrimento pertence àquele que achou a nova ideia; a parte experimental representa um tipo de conquista muito mais mecânico. Tampouco se pode pedir que o inventor de uma ideia tenha a obrigação de efetuar a segunda parte do empreendimento. Se fosse assim, deveríamos demitir a maior parte dos físicos e matemáticos.

Para entender melhor os temos envolvidos na disputa, nos ocuparemos, na próxima seção, da obra de Helmholtz acerca da lei de conservação da energia. Afinal, segundo Y. Elkana, há um consenso a respeito do fato de que quem formulou matematicamente, pela primeira vez, o princípio de conservação da energia, em toda a sua generalidade, foi Helmholtz. É a ele que se deve o conceito de energia como hoje o conhecemos[45].

Helmholtz e a Conservação da "Kraft".

O fisiologista, físico e matemático alemão Hermann Ludwig Ferdinand von Helmholtz (1821 – 1894) fez o que nem Mayer, nem Joule sequer tinham tentado: demonstrar, matematicamente, a validade do princípio de conservação da energia nos distintos campos (mecânica, calor, eletricidade, magnetismo, físico-química e astronomia).

Helmholtz nasceu em Potsdam, perto de Berlim, em 31 de agosto de 1821. Obteve um mestrado em 1842 e foi professor em Königsberg (terra de Kant), Bonn, Heidelberg e, finalmente, Berlim, para onde foi chamado a ocupar um posto recusado por Gustav Kirchhoff. Nos seus anos finais, em Berlim, assumiu um importante papel na ciência alemã. As suas muitas contribuições à ciência envolvem medicina, fisiologia, óptica, acústica, matemática, mecânica e eletricidade.

---

[45] Y. Elkana, *op. cit.*, p. 26.

Herdou de seu pai, admirador dos filósofos Kant e Fichte, o interesse por problemas epistemológicos e filosóficos que eram discutidos em sua casa. Essa exposição às ideias filosóficas nos anos da juventude marcou toda a sua obra. Ele dedicou-se a procurar os grandes princípios unificadores subjacentes à natureza. Sua carreira começa com um desses princípios, o da conservação da energia, e conclui-se com outro, um princípio de mínima ação. Os seus interesses em ciência se juntam aos seus interesses em arte, demonstrados pelo seu grande apreço pela pintura, pela poesia e pela música – esta última usada também quando procurava alívio para as constantes enxaquecas de que padecia[46].

Aos vinte e seis anos, apresentou, diante da *Physikalische Gesellschaft* (Sociedade de Física) de Berlim, em 23 de julho de 1847, a sua memória intitulada *Über die Erhaltung der Kraft* (Sobre a conservação da força) que continha os princípios matemáticos da conservação da energia. A dissertação está dividida em seis partes, precedidas de uma introdução de natureza mais geral e filosófica: Introdução; I. O princípio de conservação da força viva; II. O princípio de conservação da força; III. A aplicação do princípio aos teoremas mecânicos; IV. O equivalente mecânico do calor; V. O equivalente mecânico dos processos elétricos; VI. O equivalente mecânico do magnetismo e do eletromagnetismo.

Na Introdução, Helmholtz deixa clara a existência de duas ideias que nortearão a sua inteira exposição. Diz ele[47]:

> Duas ideias podem ser tomadas como pontos de partida desses princípios: a primeira é a impossibilidade de acumular trabalho indefinidamente a partir de efeitos de uma combinação qualquer de corpos. A segunda é a possibilidade de reconduzir todas as ações da natureza à ação de forças atrativas e repulsivas cujas intensidade não dependem senão das distâncias dos pontos que interagem uns com os outros.

---

[46] R. S. Turner, no verbete HELMHOLTZ, HERMANN VON, do *Dicionário de Biografias Científicas* (Contraponto, Rio de Janeiro, 2007), vol. II.

[47] H. Helmholtz, *Mémoire sur la conservation de la force, précédé d'un exposé élémentaire de la transformation des forces naturelles*; Trad. de l'allemand par Louis Pérard (V. Masson et fils, Paris, 1869), pp. 57-58.

As duas ideias, na verdade, representam a mesma coisa, como ele mostrará no início do trabalho.

Na primeira parte, depois de afirmar tacitamente, logo nas primeiras linhas, a impossibilidade de produzir força motriz a partir do nada, ele vai enunciar o assim chamado princípio da conservação das forças vivas. A exemplo do que fez Coriolis, Helmholtz vai designar por força viva a mesma quantidade que hoje conhecemos por energia cinética (i.e., já incluindo o fator de 1/2 na *vis viva* de Leibniz e de outros).

Quando enuncia o princípio de conservação das forças vivas, ele considera que se um sistema de massas puntiformes se move sob a ação de forças mutuamente exercidas, ou sob a ação de forças originadas de um centro fixo, então a soma das forças vivas de todas as partículas é sempre a mesma em qualquer instante, independentemente das velocidades e das trajetórias seguidas no intervalo considerado. Reciprocamente, nos sistemas que obedecem à lei de conservação das forças vivas, as forças simples exercidas pelos pontos materiais são forças centrais. A quantidade de trabalho envolvida na passagem do sistema de uma dada configuração à outra é sempre a mesma, ou seja, quando os pontos materiais passam de uma posição inicial para uma final, o valor do trabalho envolvido é o mesmo que quando fazem o inverso.

Na segunda parte da memória, dedicada à conservação da força, Helmholtz estabelece uma expressão matemática que pode ser comparada à de Coriolis (Sec. 2.2) como uma forma de enunciar o teorema do trabalho – força viva. Considerando uma força de intensidade φ agindo na direção de r, ele escreve[48]:

> Chamemos Q e q as velocidades tangenciais em duas posições quaisquer; R e r as distâncias correspondentes, e integrando, vem:
>
> $$\frac{1}{2}mQ^2 - \frac{1}{2}mq^2 = -\int_r^R \varphi\, dr.$$
>
> O primeiro membro dessa equação representa a diferença das forças vivas que o ponto material m possui a duas distâncias diferentes.

---

[48] *Ibid.*, p. 72.

A integral do lado direito vem chamada de quantidade das tensões (*Quantität der Spannkraft*). A conclusão é que a equação acima pode ser lida indicando que "o incremento da força viva de uma massa puntiforme, no seu movimento sob a influência de uma força central, é igual à soma das quantidades de tensão correspondentes à variação relativa da sua distância ao centro da ação"[49]. Generalizando essa ideia de modo a incluir um número qualquer de pontos materiais, isto é, somando sobre todo o sistema de corpos, ele poderá enunciar que[50]:

> Em todos os casos de movimento de pontos materiais livres sob a influência de suas forças atrativas e repulsivas, cujas intensidades não dependem senão das distâncias, a diminuição da quantidade de tensões (*Quantität der Spannkraft*) é sempre igual ao incremento da força viva (*lebendiger Kraft*); e o incremento da quantidade das tensões é igual à diminuição da força viva. Em outros termos: a soma das forças vivas e das quantidades de tensão é sempre constante. Sob esta forma geral nós podemos designar nossa lei como o nome de Princípio da Conservação da Força (*Princip von der Erhaltung der Kraft*).

Este é, portanto, o Princípio de Conservação da Energia enunciado num contexto mecânico envolvendo forças centrais.

Na sequência da memória, Helmholtz tratou de aplicar o princípio a vários fenômenos físicos; na terceira seção, ele é aplicado aos teoremas mecânicos, em particular, aos fenômenos envolvendo "a força de gravitação universal", a "transmissão dos movimentos aos corpos sólidos e fluidos incompressíveis" e aos "corpos sólidos e líquidos perfeitamente elásticos".

A quarta seção se ocupa do equivalente mecânico do calor. Aqui, Helmholtz claramente refuta a teoria do calórico e mostra uma

---

[49] *Ibid.*, p. 73.
[50] *Ibid.*, p. 77. No original alemão lê-se: *In allen Fällen der Bewegung freier materieller Puncte unter dem Einfluss ihrer anziehenden und abstossenden Kräfte, deren Intensitäten nur von der Entfernung abhängig sind, ist der Verlust an Quantität der Spannkraft stets gleich dem Gewinn an lebendiger Kraft, und der Gewinn der ersteren dem Verlust der letzteren. Es ist also stets die Summe der vorhandenen lebendigen und Spannkräfte constant. In dieser allgemeinsten Form können wir unser Gesetz als das Princip von der Erhaltung der Kraft bezeichnen.*

certa preferência pelo ponto de vista dinâmico para a natureza do calor, embora os seus resultados não dependam de uma tomada de posição definitiva a esse respeito[51]:

> Resulta desses fatos que a quantidade de calor pode ser aumentada de uma maneira absoluta pelas forças mecânicas, e que a aparição do calor não pode ser devida a uma substância pre-existente; mas que ele é engendrado pelas modificações, pelos movimentos, seja de uma substância particular, seja dos corpos ponderáveis e imponderáveis, já conhecidos, por exemplo, a eletricidade ou a luz (o éter luminífero).

Sua análise inclui os problemas do calor radiante. Nessa análise, Helmholtz argumenta que o calor livre, sensível, de um corpo deve ser compreendido a partir da análise do movimento microscópico das partículas e que o calor latente deve ser buscado nas forças elásticas entre os seus átomos.

A seção quinta é dedicada ao equivalente mecânico dos fenômenos elétricos, onde as obras de Joule e Lenz, entre outros, são invocadas. Segundo Helmholtz, se se considera a corrente J fluindo por um condutor metálico cuja resistência é w, então o calor desenvolvido por unidade de tempo é (a partir da lei de Lenz),

$$\theta = J^2 wt.$$

Ainda nessa seção, Helmholtz se ocupa de pilhas e de correntes termoelétricas.

Por fim, a sexta seção é dedicada ao equivalente mecânico do magnetismo e do eletromagnetismo. Ali, afirma-se, por exemplo, "que no movimento recíproco dos corpos magnéticos deve verificar-se a conservação da força".

É preciso reconhecer que, embora o trabalho de Helmholtz não esgote todos os problemas relativos ao princípio de conservação de energia, essa importante dissertação de 1847 representa uma contribuição decisiva para o seu estabelecimento.

No desenvolvimento dessas ideias, o pensador Helmholtz foi guiado por duas convicções fundamentais: a primeira, a de que

---

[51]*Ibid.*, p. 92.

todos os fenômenos físicos são redutíveis a processos mecânicos; a segunda, a mesma crença de Leibniz de que na natureza deve existir uma entidade fundamental que se conserva. É claro que esse ponto de vista é reducionista, pois propõe, de fato, que todos os processos orgânicos sejam reconduzidos à física.

A estrutura do ensaio poderia ser esquematicamente representada pelas seguintes etapas[52]: a "força" newtoniana é um conceito fundamental em mecânica; a física é redutível à mecânica; o conceito fundamental em fisiologia é o de "força vital". Mas a fisiologia é redutível à física, ou seja, à mecânica; por outro lado, na natureza existe uma entidade fundamental que se conserva: essa entidade é a *Kraft*. Ora, a formulação lagrangiana da mecânica é equivalente, do ponto de vista matemático e conceitual, à formulação newtoniana, sobre a qual se pode construir toda a mecânica. Como a formulação lagrangiana tem como entidade fundamental a diferença "energia cinética menos energia potencial", a quantidade que se conserva é uma energia!

Em palavras mais apropriadas ao contexto, a quantidade que se conserva é, então, a *Kraft*, que, por dimensões e forma, deve ser a energia. Estavam, pois, estabelecidas as bases adequadas para que a palavra alemã *Kraft* passasse a significar simplesmente energia.

Calor e trabalho

A história do estabelecimento do princípio de conservação da energia é um capítulo que ainda apresenta desafios para o historiador e para todos aqueles que se aventuram, como nós, a uma abordagem de suas principais facetas. Trata-se, com efeito, de um dos períodos mais ricos da história da ciência.

Nesta rápida incursão pelo problema que aqui fizemos, diversas contribuições para a sua solução foram mencionadas, com particular ênfase nas obras de Mayer, Joule e Helmholtz. Por coincidência, mas nem tanto, esses três cientistas foram agraciados com a Medalha Copley, da *Royal Society* de Londres. A medalha era (e é), indiscutivelmente, o mais importante prêmio científico da Grã-

---

[52]Y. Elkana, *op. cit.*, pp. 170-171.

Bretanha. Mesmo com o advento do Prêmio Nobel, em 1901, essa medalha ainda representa, sem dúvida, um dos principais prêmios científicos do mundo[53]. A concessão do prêmio foi um dos fatores que contribuíram para amenizar o tom polêmico das partes envolvidas na "disputa". As frequentes visitas de Helhmoltz à Inglaterra (antes de ir trabalhar em Berlim teria recebido um convite verbal para trabalhar em Cambridge) foram acompanhadas de um clima de crescente colaboração entre as duas comunidades.

Entre os anos de 1853 e 1854, Helmholtz encontrou-se com todos os mais importantes homens de ciência da Grã-Bretanha (com exceção de Darwin) e visitou numerosas instituições científicas. O velho Faraday, o líder incontestável dos químicos e físicos britânicos de sua geração, tinha-lhe servido café, enquanto Helmholtz preparava as suas notas de aula. Ele também foi convidado para as casas de Thomson e Maxwell.

Estudos recentes sugerem que a construção dessas relações sociais ajudaram a criar um sentimento de confiança entre Helmholtz e a elite britânica[54].

Esse bom relacionamento facilitou a revisão do entendimento da lei da conservação da força: ela passa a ser agora interpretada como lei de conservação da energia e vê-se cada vez mais aceita. A acolhida de Helmholtz nesses meios poderia ter lançado as bases para a futura promoção da teoria eletromagnética de Maxwell na Alemanha de Helmholtz e para o estabelecimento de acordos anglo – germânicos no campo da metrologia elétrica.

O princípio de conservação da energia em sua forma generalizada passou a considerar-se evidente quando o ponto de vista dinâmico sobre a natureza do calor também prevaleceu sobre a antiga imagem do calórico.

Neste contexto, surge também a contribuição do escocês William John Macquorn Rankine (1820 – 1872), engenheiro e físico, um dos fundadores da termodinâmica sobre as bases lançadas por

---

[53] D. Cahan, *The awarding of the Copley Medal and the 'discovery' of the law of conservation of energy: Joule, Mayer and Helmholtz revisited*, Notes & Records of the Royal Society **66**, 125 – 139 (2012).

[54] D. Cahan, *Helmholtz and the British scientific elite: from force conservation to energy conservation*, Notes & Records of the Royal Society **66**, 55 – 68, (2012).

Carnot e Joule.

Na memória que apresentou em 1853, diante da *Philosophical Society of Glasgow*, intitulada *On the General Law of the Transformation of Energy* (Sobre a lei geral da transformação da energia), encontra-se uma formulação bem definida e bastante atual do princípio de conservação da energia. Em 1855, a lei de transformação da energia foi incorporada por Rankine a uma teoria geral da energia chamada de "ciência da energética". Naquele ano, Rankine publicou um artigo intitulado *Outlines of the Science of Energetics* (Esboços de uma ciência da energética), no qual, além de propor o uso do termo "energia potencial", formulou resultados mais gerais que incluíam os de Joule.

Esses resultados podem ser sintetizados nos axiomas[55]: todos os tipos de energia são homogêneos. Qualquer tipo de energia pode ser utilizada para realizar qualquer tipo de trabalho. A energia é transformável e transferível.

Por fim, também na forma de um axioma, um resultado implícito na análise de Helmholtz que consideramos acima pôde ser estabelecido por Rankine, a saber: a energia total de uma substância não pode ser alterada pela ação recíproca das suas partes. Assim, o trabalho consiste sempre na transferência e na transformação da energia apenas.

A melhor compreensão do conceito de calor e o expressivo sucesso das predições da termodinâmica contribuíram decisivamente para o que o princípio de conservação da energia fosse bem aceito dali por diante. A partir do final da década de 1850, o princípio de conservação da energia estava estabelecido, e tendo por base uma também estabelecida teoria dinâmica do calor. A junção dessas duas aquisições científicas implicava, por sua vez, a convertibilidade de todos os tipos de energia.

No próximo capítulo, exploraremos, com um pouco mais de detalhes, a interconversão entre massa e energia, já que aprendemos com a relatividade que a massa inercial de um corpo é uma medida do seu conteúdo energético.

---

[55] Y. Elkana, *op. cit.*, p. 248.

3

A Equivalência Massa-Energia

3.1 Massa Inercial

Retornemos ao conceito clássico de massa conforme definido por Newton nos *Principia* (Capítulo 2), usando uma linguagem mais atualizada para maior clareza da exposição. A *massa inercial* é definida na mecânica não relativística como o coeficiente escalar da velocidade na expressão

$$\mathbf{p} = m\mathbf{v}, \tag{3.1}$$

em que **p** representa o momento ou a quantidade de movimento, e é uma medida da inércia do corpo (ponto material). Tecnicamente, se se determinam os valores de p e v, pode-se determinar também a massa do corpo. Essa determinação pode ser feita usando-se um espectômetro de massa, no qual um filtro, formado por um campo elétrico e um campo magnético cruzados, permite determinar a velocidade sem modificá-la, e uma ulterior deflexão permite também determinar o momento.

Nos *Principia*, a massa é considerada uma grandeza fundamental, não derivada. Como acenamos no capítulo precedente, a primeira definição do livro é justamente a de massa[1]:

> Definição I. A quantidade de matéria é a medida da mesma, oriunda conjuntamente da sua densidade e grandeza.
>
> [...] É essa quantidade que muitas vezes tomo a seguir sob o nome de corpo ou massa. Conhecemo-la pelo peso de qualquer corpo, pois esta é proporcional ao peso, o que achei em experiências feitas cuidadosamente sobre os pêndulos, como se mostrará adiante.

Mais adiante, no texto, Newton definirá a inércia nos seguintes termos:

> A força inata (ínsita) da matéria é um poder de resistir pelo qual cada corpo, enquanto depende dele, persevera em seu estado, seja de descanso, seja de movimento uniforme em linha reta.
>
> [...] Em função disso, tal *vis insita* pode ser chamada, usando-se um nome sumamente significativo de inércia (*vis inertia*), ou força de inatividade.

Newton entendia com o termo inércia uma forma de permanência no mesmo estado, seja esse de repouso ou de movimento. Para Kepler – que havia introduzido o termo –, a inércia era simplesmente a ausência de atividade, o desejo de permanecer em repouso[2].

O desenvolvimento posterior da mecânica consolidou a ideia de que a massa está associada a essa capacidade de resistir mencionada acima, ou seja, funciona como uma quantificação dessa inércia. Disso deriva a nossa concepção básica para o termo massa inercial.

---

[1] Para os textos que aqui reproduziremos, usamos a tradução de Carlos Lopes de Mattos e Pablo Rubén Mariconda, feita para trechos selecionados dos *Princípios Matemáticos da Filosofia Natural*, da coleção *Os Pensadores* (Abril Cultural, São Paulo, 1974) e, algumas vezes, fazemos nós mesmos a tradução do texto apresentada no Volume 34, do *Great Books of the Western World* (Encyclopaedia Britannica, Chicago, 1952).

[2] E. Dijksterhuis, *Il meccanicismo e l'immagine del mondo* (Feltrinelli, Milano, 1980), trad. italiana di Adriano Carrugo, p. 417.

A definição de massa em termos da densidade e do volume nos diz que se produzirmos dois corpos a partir da divisão de um material homogêneo, as suas massas serão proporcionais aos seus volumes; se um dado material é pressionado e o seu volume diminui, a sua densidade se modifica, mas não a sua massa.

Enfim, se dois corpos se juntam para formar um terceiro corpo, a massa final é simplesmente a soma das massas de cada um. Mencionamos na Sec. 2.1 que não funciona assim quando levamos em conta os efeitos relativísticos, ou seja, quando invocamos a Eq. (1.28), introduzida na Sec. 1.4, como discutiremos mais adiante.

A *massa gravitacional* (ou massa gravitacional passiva) de um corpo é uma medida da resposta do corpo ao campo gravitacional. A massa gravitacional dos corpos macroscópicos é normalmente determinada pela medida dos seus pesos em repouso na mesma posição sobre a superfície terrestre[3].

Na exposição de sua teoria da relatividade geral, em 1916, Einstein declara no início um fato muito conhecido antes, mas nunca compreendido em todas as suas consequências, ou seja, a igualdade entre a aceleração gravitacional para objetos de massas diferentes leva à conclusão que a massa inercial de todos os corpos tem o mesmo valor que a sua massa gravitacional.

Essa igualdade é a base do *Princípio de Equivalência*, pois a equivalência entre a massa gravitacional e a massa inercial é uma consequência da equivalência entre a gravidade e a aceleração. Tudo isso resulta da descoberta feita por Galileu de que todos os objetos estão sujeitos à mesma aceleração gravitacional, em uma dada posição do campo, e da correta interpretação das leis de Newton.

---

[3]A massa gravitacional pode ser considerada como *passiva* e *ativa*. A massa gravitacional passiva é uma grandeza física proporcional à interação de cada corpo com o campo gravitacional, ou seja, é a massa do objeto quando medida por meio da força que ele experimenta em um dado campo gravitacional; a massa gravitacional ativa é proporcional à intensidade do campo gravitacional gerado pelo corpo, ou seja, é a massa do objeto quando medida por meio da força gravitacional por ele gerada. A mecânica clássica considera a substancial equivalência entre as massas gravitacionais ativa e passiva. Veja-se, por exemplo, D. F. Bartlett and D. Van Buren, *Equivalence of Active and Passive Gravitational Mass Using the Moon*, Phys. Rev. Lett. **57**, 21 (1986).

A propriedade de aditividade das massas é válida quando a interação entre as partes constituintes é desprezível, como dito acima. Relativisticamente, a massa inercial é proporcional à energia total, ou seja, inclui também as interações entre as partes. Assim, se a energia térmica ou a energia de deformação de um corpo cresce, também a sua massa inercial crescerá.

Um exemplo simples nos pode ajudar: imaginemos uma mola livre, não deformada, com uma certa massa de repouso m_0.

Se essa mola for comprimida, então haverá uma energia – chamada em mecânica de energia potencial – que será armazenada na mola. Assim, a mola terá uma massa de repouso $m > m_0$. A diferença na massa $\Delta m = m - m_0 = \Delta E/c^2$ é, evidentemente, muito pequena. A quantidade ΔE representa a energia que foi fornecida à mola quando ela foi comprimida. Suponhamos, agora, que coloquemos essa mola comprimida em um recipiente contendo ácido. O produto da dissolução da mola comprimida terá uma massa superior àquela da massa da mola não comprimida!

Igualmente, um prato aquecido no forno é mais pesado do que um prato idêntico, mas não aquecido. De novo, a diferença é muito pequena.

Situações como essas não nos levam a diferenças que são relevantes; as diferenças são, de fato, muito pequenas. Mas a situação muda drasticamente quando estamos lidando com forças muito intensas como as que unem os núcleos atômicos. Nos processos nucleares, as diferenças de massa são significativas, como veremos mais adiante.

Voltemos agora ao discurso anterior, para ver como é definida a massa inercial na teoria relativística.

A definição (3.1) ainda é válida, mas a massa m será definida de maneira diferente, a saber:

$$m = \frac{m_0}{\sqrt{1 - v^2/c^2}}, \qquad (3.2)$$

na qual m_0 indica uma constante característica do corpo: sua *massa de repouso*, que também é denominada de *massa própria* ou *massa invariante*[4].

---

[4]R. D. Sard, *Relativistic Mechanics – Special Relativity and Classical Particle Dyna-*

Da Eq. (3.2) deduzimos que a massa do objeto depende da sua velocidade!

Assim, quando a velocidade do objeto aumenta, aumenta também a sua energia: ele adquire energia cinética, associada ao seu movimento. Aqui se vê também por que existe um limite para a velocidade de um corpo. Se a velocidade de um corpo se aproxima da velocidade da luz, i.e., se $v \to c$, a quantidade $\sqrt{1 - v^2/c^2}$ se aproxima de zero e, assim, a massa m tende a se tornar muito grande, tende a tornar-se infinita!

Pensemos num exemplo concreto. Uma partícula de massa de repouso m_0, como o elétron, acelerada no SLAC – *Stanford Linear Accelerator*, na Califórnia, em um tubo de comprimento em torno de três quilômetros, pode chegar à extremidade com uma massa cerca de quarenta mil vezes maior do que a sua massa de repouso. Um acelerador ainda mais poderoso é o *Large Hadron Collider* – LHC, o grande laboratório europeu de física de altas energias (CERN), nas vizinhanças de Genebra, cuja circunferência é de 27 quilômetros.

Nesses aceleradores, as partículas como os prótons e os elétrons são submetidas a forças elétricas muito poderosas para acelerá-las até altas velocidades. A sua velocidade pode chegar quase à velocidade da luz – o momento p aumenta até que não seja mais possível para o campo magnético manter as partículas nas suas trajetórias. Assim, se avizinha o limite daquela máquina[5]. Em uma máquina como o LHC, a cada colisão, se verifica a transformação predita pela equação $E = mc^2$.

Uma partícula como o próton tem uma massa de repouso $m_0 = 1,6726231 \times 10^{-27}$ kg e é acelerada no LHC até que a sua velocidade chegue a $99,9999991\%$ da velocidade da luz. O próton, a esta velocidade, atinge uma energia de 7 TeV (tera elétron-volt), i.e., 7 mil bilhões de elétron-volt. Por sua vez, 1 eV é a energia que adquire um elétron ao passar entre dois pontos do espaço, entre os quais haja uma diferença de potencial de 1 V (volt), e vale $1,602 \times 10^{-19}$ J (joule).

Mas, quanto vale 1 J?

---

mics (W. A. Benjamin, New York, 1970).

[5] R. Stannard, *Relativity* (Oxford University Press, Oxford, 2008).

Suponhamos que na saída de um supermercado, um saco de farinha de 1 kg caia de nossas mãos em direção ao solo, desde uma altura de 1 m. A energia potencial que é convertida em energia cinética durante a queda do saco de farinha é de $\Delta E = 1\,\text{kg} \times 10\,\text{m/s}^2 \times 1\,\text{m} = 10\,\text{J}$.

A energia do próton no LHC será de 7 TeV = $11,2 \times 10^{-7}$ J. Com efeito, 1 TeV é a energia de movimento de um mosquito que voa[6]. Não parece muito! A energia do saco de farinha é cerca de dez milhões de vezes maior do que a do próton.

Mesmo assim, dizemos tratar-se de um experimento de alta energia. O extraordinário nesta máquina é que a energia é localizada em dimensões muito, muito pequenas. Para se ter uma ideia das dimensões de que falamos, basta que nos recordemos que um pingo no "i" poderia conter cerca de 500 bilhões de prótons[7]. O chamado raio clássico do próton é de cerca $r_p \approx 10^{-18}$ m.

Como a massa inercial depende da velocidade da partícula com relação a um sistema de referência, como dado pela Eq. (3.2), então a massa terá valores diversos nos diferentes sistemas de referência. A massa própria pode ser determinada por meio da medida da massa no sistema de referência em repouso:

$$m(0) = m_0.$$

A mensagem central desta análise é que a expressão

$$E = mc^2$$

relaciona a massa inercial m com a energia E. Todas as formas de energia que pertencem à partícula contribuem para a energia total e, por conseguinte, para a sua massa inercial, m. A menos de uma constante universal – a velocidade da luz no vácuo, c – a massa, m, e a energia, E, são iguais e, portanto, fisicamente equivalentes. Se conhecemos uma delas, conhecemos também a outra.

Esta equivalência fundamental nos permite concluir que a lei de conservação da energia e a lei de conservação da massa, discutidas no Capítulo 2, são uma única lei.

---

[6] *LHC - The Guide* – CERN Brochure, 2009.
[7] B. Bryson, *Breve história de quase tudo* (Companhia das Letras, São Paulo, 2005).

3.2 A Velocidade da Luz

A discussão sobre a natureza da luz é muito antiga, muito rica e caracterizada por um vivíssimo debate que, perto da metade do século XIX, contrapunha os defensores de uma teoria corpuscular e os defensores de uma teoria ondulatória.

A teoria corpuscular em Descartes estava associada à emissão de grãos de luz, de partículas infinitesimais que eram emitidas pelo corpo luminoso. A teoria foi desenvolvida por Newton para explicar diversas propriedades como a propagação retilínea, reflexão e refração. Newton e, depois dele, os newtonianos modificaram e complicaram a teoria, introduzindo forças atrativas, repulsivas, movimento perpétuo de rotação, e outros para tentar explicar os fenômenos mais complexos.

Entre esses fenômenos se encontram a interferência e a difração, descobertas em 1664 pelo jesuíta bolonhês Francesco Maria Grimaldi (1618 – 1663), e a polarização da luz. O próprio Newton propôs que a luz fosse constituída por partículas dissimétricas, admitindo que os raios de luz tinham lados (quatro lados) para explicar a birrefringência[8].

> Portanto, todo raio pode ser considerado como tendo quatro lados, ou quatro quartos, dois dos quais, opostos um ao outro, fazem com que o raio tenda a ser refratado da maneira extraordinária, na medida em que ambos são girados em direção aos lados da refração extraordinária; e os outros dois, sempre que ambos são girados em direção ao lado da refração extraordinária, não fazem com que ele tenda a ser refratado de outra maneira que não a usual.

A teoria que concebia a luz em termos de impulsos ou pulsos ondulatórios explica por que esses pulsos (ou raios) se tornam mais lentos quando incidem em um meio mais denso. Esta explicação, que remonta ao filósofo inglês Thomas Hobbes (1588-1679), tornou-se mais sistemática e compreensível na obra publicada em 1690 por Christiaan Huygens (1629 – 1695) sob o título: *Traité de la lumière*.

---
[8] I. Newton, *Óptica* (Edusp, São Paulo, 1996), tradução, introdução e notas de A. K. T. Assis, p. 264.

Nos primeiros anos do século XIX, sobretudo depois das obras de Thomas Young (1773 – 1829) e Augustin Fresnel (1788 – 1827), a teoria ondulatória se consolidou do ponto de vista matemático e adquiriu um papel muito importante, mesmo se não decisivo porque os adeptos da teoria corpuscular continuavam a defender as suas posições.

Foi o francês François Arago (1786 – 1853) quem sugeriu um experimento "crucial": se a luz se propagasse mais rapidamente na água, seria possível deduzir que ela é um fluxo de partículas; se, em vez disso, ela se propagasse com velocidade menor, então se poderia deduzir que é uma onda!

A questão fundamental era, porém, uma outra: a velocidade da luz é finita ou infinita?[9]

Galileu, na primeira jornada das *Due nuove scienze* (Duas Novas Ciências), discute a questão e propõe até mesmo uma experiência que permite medi-la, mas conclui que a luz é "velocíssima" e que se propaga instantaneamente. A experiência cotidiana nos diz simplesmente que a luz é muito mais veloz do que o som[10]:

> SALVIATI. A pouca concludência destas e de outras observações semelhantes me fez uma vez pensar em um modo de se poder, sem erro, determinar se a iluminação, ou seja, se a expansão do lume, fosse verdadeiramente instantânea; como o movimento bastante veloz do som nos assegura, a luz não pode ser senão velocíssima: e a experiência que me ocorreu foi assim. Que duas pessoas tomem um lume cada uma, de forma a comporem uma lanterna ou outro dispositivo que possam cobrir e descobrir, com a interposição da mão, à vista do companheiro, e que, pondo-se um em frente ao outro a uma distância de umas poucas braças, adestrem-se no descobrir e encobrir os seus lumes à vista do companheiro, de modo que quando um vê o lume do outro, imediatamente descubra o seu; essa correspondência, depois de alguns ensaios feitos alternadamente, será ajustada por eles que, sem desvio apreciável, à descoberta

---

[9] G. Holton and S. Brush, *op. cit.*, p. 387.
[10] G. Galilei, *Discorsi e dimostrazioni mathematica intorno a due nuove scienze attenenti alla meccanica & i movimenti locali* (giornata prima). Disponível in http://www.liberliber.it.

> de um responderá imediatamente a descoberta do outro, de modo que quando um descobre o seu lume, verá no mesmo momento comparecer à sua vista o lume do outro... [...] E quando se quisesse fazer tal observação com distâncias maiores, de oito ou dez milhas, poderíamos nos servir do telescópio, ajustando-se um a um os observadores no lugar em que de noite se ponha em prática a experiência com os lumes; os quais, ainda que não muito grandes, e por isso invisíveis a olho nu em distância tão grande, porém fáceis de cobrir e descobrir, com a ajuda dos telescópios já ajustados e fixados poderão ser comodamente vistos.

As conclusões de Galileu não são de fato desprezíveis porque sabemos que a velocidade é muito alta e requer instrumentos muito mais precisos para a sua medição.

O astrônomo dinamarquês Ole Roemer (1644 – 1710), observando o período orbital do satélite Io, de Júpiter, intuiu que a variação aparente do período orbital do satélite indicava que a luz tinha uma velocidade finita. Para essas observações, Roemer usava um telescópio refrator e um relógio entre os melhores do século XVII[11].

Em setembro de 1676, Roemer anunciou à Academia de Ciências de Paris que o eclipse de Io, que se esperava ocorresse às 5h45min (mais quarenta e cinco segundos) da manhã de 09 de novembro, na verdade se verificaria dez minutos depois. Os astrônomos do Observatório Real de Paris de fato observaram o que Roemer tinha predito. A explicação que ele forneceu depois era que a luz que provém de Júpiter emprega mais ou menos tempo para chegar à Terra de acordo com a posição relativa de Júpiter e da Terra nas suas órbitas. Comparando diversos eclipses em diferentes pontos da órbita terrestre, Roemer determinou que o tempo empregado era de 22 minutos para que a luz cobrisse a distância necessária para chegar à Terra.

Huygens, usando os dados de Roemer, e usando também as suas estimativas para o diâmetro das órbitas – recordemo-nos que os diâmetros das órbitas da Terra e de Júpiter não eram conhecidas com precisão –, encontrou que a velocidade da luz era de

---

[11] M. K. Grainer, *Real Astronomy with Small Telescopes* (Springer Verlag, Berlin, 2007, 2009), p. 77.

214.000 km/s, cerca de dois terços do valor atual. Mas Roemer errou ao estimar o tempo, que é menor (cerca de 16,5 minutos). O método de Roemer é poderoso, mas os instrumentos não eram ainda suficientemente precisos!

O experimento de Roemer é importante não somente pelo valor que encontrou, mas, sobretudo por demonstrar que a velocidade da luz é finita, ainda que muito elevada. Assim, a pergunta fundamental feita anteriormente encontra uma resposta satisfatória.

Nos anos seguintes, a velocidade da luz foi medida de maneira sempre mais precisa. Um experimento muito famoso é o que foi feito por Armand Hyppolyte Louis Fizeau (1819 – 1896), no qual a luz incidia sobre uma roda dentada e passava de um lado para o outro quando retornava, depois de ter sido refletida por um espelho. O espelho estava situado a cerca de 8 quilômetros de distância, de modo que a luz devia percorrer 16 quilômetros (ida e volta). Nesse método, é necessário fazer girar uma roda dentada com frequência tal que o raio de luz ao retornar encontre um dente[12].

A Fizeau devemos também a realização de um experimento "crucial" como o mencionado anteriormente.

Fresnel havia previsto que a luz seria parcialmente arrastada por um meio em movimento, e determinou a expressão matemática para este efeito. Isso foi confirmado por Fizeau, em 1851, fazendo a luz percorrer tubos preenchidos com água corrente de modo tal, que a luz, durante o seu percurso, ora viaja na mesma direção da corrente de água, ora viaja na direção oposta, e ora ainda viaja na direção perpendicular à corrente[13]. A velocidade da luz medida dessa maneira é dada por

$$v = \frac{c}{n} \pm v_a \left(1 - \frac{1}{n^2}\right),$$

em que n é o índice de refração da água e v_a a velocidade da água em relação aos tubos (estacionários). O resultado é muito geral e

---

[12] H. L. Fizeau, *Sur une expérience relative à la vitesse de propagation de la lumière* Compt. Rend. Acad. Sci. (Paris) **29**, 90-92 (1849).

[13] H. L. Fizeau, *Sur les hypothèses relatives à l'ether lumineux, et sur une experience qui paraît démontrer que le mouvement des corps change la vitesse avec laquelle la lumière se propage dans leur intérieur*, Compt. Rend. Acad. Sci. (Paris) **33**, 349-55 (1851).

vale para qualquer corpo com um índice de refração n que se mova com velocidade v_a relativamente ao observador, ou seja, ao sistema de referência inercial S.

Outra famosa determinação experimental da velocidade da luz foi conduzida por Jean Bernard Léon Foucault (1819 – 1868), em 1862, que usou um método empregando um espelho girante. A ideia básica é aquela de fazer incidir luz obliquamente de uma fonte fixa sobre um espelho que gira, de modo que a luz seja refletida por esse espelho na direção de um outro espelho estacionário. Quando a luz refletida por esse espelho estacionário incide na volta sobre o espelho girante, encontra-o já deslocado e é refletida em uma direção diferente (ou seja: não volta à fonte emissora original). Medindo-se a diferença de percurso e conhecendo-se a velocidade do espelho, pode-se determinar o tempo necessário para a viagem da luz no percurso conhecido.

Assim resume Foucault as suas conclusões[14]:

> Efetivamente, a velocidade da luz se mostrou muito diminuída. Dados anteriores indicavam que a velocidade era de 308 milhões de metros por segundo, e este novo experimento com os espelhos girantes dão um valor, em números redondos, de 298 milhões. É possível, eu acho, confiar na exatidão desse número, pois as correções que ele poderia sofrer não mudam o seu valor em mais de 500 mil metros.

A história não termina aqui, obviamente, e deveríamos mencionar ainda uma série de medidas conduzidas por Albert A. Michelson (1852 – 1931) nos seus experimentos muito acurados, entre tantos outros[15]. Mas a conclusão mais importante foi estabelecida: a velocidade da luz é finita e foi medida com grande precisão. A constante universal, c, denota a velocidade da luz no vácuo e o seu valor é de 299.792,458 metros por segundo.

---

[14] J. B. L. Foucault, *Détermination expérimentale de la vitesse de la lumière: parallaxe du Soleil*, Compt. Rend. Acad. Sci. (Paris) **55**, 501-503 (1862).

[15] A. A. Michelson, *Experimental Determination of the Velocity of Light*, Proceedings of the American Association for the Advancement of Science 71-77 (1879).

3.3 $E = mc^2$: o Conteúdo Energético do Universo

Aprendemos nas seções precedentes que uma partícula em repouso não tem energia cinética, mas isso não significa que ela não tenha energia. O que diz a teoria da relatividade é que a massa inercial é uma medida do seu conteúdo energético.

A interpretação da massa como uma medida da energia em repouso é confirmada por observações do decaimento radioativo, por exemplo, no qual partículas em repouso decaem em produtos que têm uma massa menor, e esses produtos têm energia cinética igual ao decréscimo da massa total; mas sobre esse importante ponto retornaremos mais adiante.

Agora, tomemos, por exemplo, um quilo de carvão (usado nos "churrascos" para assar a carne) e calculemos o conteúdo energético "encerrado" nesse particular material combustível. A energia de repouso dessa quantidade de matéria é dada pela simples operação:

$$E = (1 \text{ kg}) \times (3 \times 10^8 \text{ m/s})^2 = 9 \times 10^{16} \text{ joules}.$$

Se toda esse energia de repouso fosse convertida em energia elétrica, seria possível fornecer eletricidade para uma casa típica no Brasil por milhões de anos!

No processo, porém, somente uma fração muito pequena (cerca de uma parte em um bilhão) da energia de repouso é liberada. A diferença entre a massa do carvão e a massa dos produtos da combustão é muito pequena (não mensurável). Como discutimos no Capítulo 2, nas reações químicas é como se a massa fosse conservada.

Em termos gerais, se 1 J (joule) de energia, seja essa cinética, potencial ou outra, fosse fornecido a um objeto material, a variação (crescimento) que se verificaria em sua massa seria simplesmente de:

$$\frac{1 \text{ joule}}{(3 \times 10^8 \text{ m/s})^2} = 1,1 \times 10^{-17} \text{ kg}.$$

Isso não implica que o sistema tenha mais moléculas do que antes; o que ocorre é que a inércia da energia do material enriquecido varia. Como mencionamos acima, nos fenômenos nucleares e nos aceleradores, nos quais as massas das partículas envolvidas nos processos são relativamente altas, a variação da massa pode se tornar notável.

A lei de conservação da massa poderia ser enunciada de uma maneira modificada da seguinte forma:

$$\sum \left(m_0 + \frac{\text{Energia}}{c^2} \right) = \text{constante}. \qquad (3.3)$$

Na Eq. (3.3), energia significa energia mecânica, energia térmica, energia química, energia elétrica, etc. e o símbolo Σ indica a soma de todas elas.

Analisemos agora outro exemplo relevante de interconversão massa-energia semelhante àquele tratado no Capítulo 2 – o que se referia ao átomo de hidrogênio. Este, em vez disso, se refere ao núcleo do deutério, que é um isótopo estável, conhecido como dêuteron. Ele é formado por um próton (o núcleo de um átomo de hidrogênio) e um nêutron (partícula neutra que é constituinte de todos os átomos, exceto do átomo de hidrogênio).

Sabe-se que a massa do próton vale $1,00731$ u.m.a. (unidade de massa atômica) e a do nêutron vale $1,00867$ u.m.a.

Por definição, 1 u.m.a. vale $1,66 \times 10^{-27}$ kg e nós a denotaremos simplesmente por u[16]. A massa de repouso do dêuteron é encontrada como $M_0 = 2,01360$ u. Como ocorre com o átomo de hidrogênio, a massa de repouso do dêuteron é menor do que a massa de repouso do nêutron e do próton somadas, implicando uma diferença de massa igual a

$$\Delta m_0 = [(1,00731 + 1,00867) - 2,01360]\, \text{u} = 0,00238\, \text{u}.$$

Essa diferença equivale a uma energia

$$\begin{aligned} \Delta E &= \Delta m_0 c^2 = (0,00238 \times 1,66 \times 10^{-27}\, \text{kg}) \times (3 \times 10^8\, \text{m/s})^2 \\ &= 3,17 \times 10^{-13}\, \text{joules} = 2,22\, \text{MeV}. \end{aligned}$$

---

[16]A unidade de massa atômica é igual a 1/12 da massa de um átomo particular de carbono, chamado isótopo, que é indicado por ^{12}C.

Quando um nêutron e um próton, em repouso, se combinam para formar um dêuteron, esta energia é cedida sob a forma de radiação gama, ou seja, de ondas eletromagnéticas de alta energia.

Se, em vez disso, o dêuteron é dividido em um próton e um nêutron, a mesma quantidade de energia deve ser fornecida ao nêutron e é chamada de *energia de ligação*. A variação percentual da massa de repouso é dada por[17].

$$\frac{\Delta m_0}{M_0} = \frac{0,00238}{2,01360} = 0,12\%.$$

Um outro exemplo dessa interconversão entre energia e massa é representado pela chamada produção de par ou criação de par elétron (e^-) – pósitron (e^+). Um fóton gama de alta energia (ou seja, raios X de pequenos comprimentos de onda) (aprendemos com Einstein, no Capítulo 1, sobre a natureza dos *quanta* de luz!) se choca contra um alvo e sofre um choque inelástico.

No processo, se produz um par de partículas composto de um elétron (matéria) e de um pósitron (antimatéria) que é representado como a "reação":

$$\gamma \longrightarrow e^+ + e^-.$$

O processo inverso é denominado aniquilação elétron-próton. Nesse processo podemos dizer que, antes da produção do par, a massa ($m_p = m_0$) do sistema era

$$m_0 = \frac{\text{energia dos raios gama}}{c^2},$$

que corresponde à massa da energia radiante. Depois da produção, a massa (m_d) do sistema é dada por

$$m_d = \text{massa de repouso das duas partículas}$$
$$+ \frac{\text{energia cinética das duas partículas}}{c^2}.$$

A massa calculada é a mesma, antes e depois da conversão.

---
[17] R. Resnick, *op. cit.* p. 148.

Tomemos, agora, um exemplo no qual intervêm processos radioativos. O processo de datação com o carbono usa o decaimento radioativo do carbono 14 (um núcleo contendo 6 prótons e 8 nêutrons) em um núcleo de nitrogênio (contendo 7 prótons e 7 nêutrons). No processo, um elétron (e^-) e um antineutrino ($\overline{\nu}$) são criados. A reação se escreve na forma:

$$^{14}C \rightarrow\, ^{14}N + e^- + \overline{\nu}.$$

As massas de repouso dos núcleos são $m_C = 13,999950$ u, para o ^{14}C, e $m_N = 13,999234$ u, para o ^{14}N. A massa do antineutrino é desprezível. Antes do decaimento, a massa total é igual a m_C. Depois, a massa total se torna

$$m_T = 13.999234\,\text{u} + \frac{9,11 \times 10^{-31}\,\text{kg}}{1,66 \times 10^{-27}\,\text{kg/u}} = 13.999783\,\text{u}.$$

A diferença na massa será:

$$\Delta m = 13,999783\,\text{u} - 13,999950\,\text{u} = -0,000167\,\text{u}.$$

Se denotarmos por Q a energia liberada no processo, a conservação da energia total implica que:

energia de repouso (antes) = energia de repouso (depois)
+ energia liberada,

ou seja,

$$m_C c^2 = m_T c^2 + Q \longrightarrow Q = (m_C - m_T)c^2 = 2,50 \times 10^{-14}\,\text{joules}.$$

A variação fracionária da energia de repouso é dada por

$$\frac{0,000167\,u}{13,999950\,u} = 0,0012\%$$

e parece muito pequena. Porém, é ainda cerca de dez mil vezes maior do que a variação fracionária que ocorre quando se queima o carvão para o churrasco!

Nos processos de fusão, a variação fracionária é de cerca de 1%. Pode-se mostrar que o elétron nesse decaimento do carbono tem uma energia cinética tal que a sua velocidade é de $v = 0,6425\,c$, ou seja, quase 65% da velocidade da luz no vácuo[18].

Consideremos, finalmente, um exemplo de interconversão em uma reação química típica. O átomo de sódio, Na, e o átomo de cloro, Cl, se combinam para formar o sal de cozinha. Suponhamos que os átomos separados tenham um teor de energia igual a $E = 0$. Quando se ligam para formar a molécula de NaCl, a energia de ligação da molécula é $E_L = -5,8 \times 10^{-19}$ joules. Isso significa que parte da energia, ΔE, foi liberada pelo sistema sob forma de radiação eletromagnética, e isso representa uma variação de energia de repouso total, ou seja $\Delta E = \Delta m_0 c^2$. Assim,

$$\Delta m_0 = \frac{\Delta E}{c^2} = \frac{-5,8 \times 10^{-19} \text{J}}{(3,0 \times 10^8 \text{m/s})^2} = -6,4 \times 10^{-36}\,\text{kg}.$$

A massa de repouso total dos átomos isolados é simplesmente a soma das massas das moléculas:

$$m_0 = 23\,u + 35\,u = 58 \times 1,66 \times 10^{-27}\,\text{kg} = 9,63 \times 10^{-26}\,\text{kg}.$$

Comparando m_0 e Δm_0, encontramos:

$$\frac{\Delta m_0}{m_0} = \frac{-6,4 \times 10^{-36}\,\text{kg}}{9,63 \times 10^{-26}\,\text{kg}} \approx -10^{-10}.$$

Esta é uma medida do decréscimo na massa de repouso durante a reação química para formar a molécula de cloreto de sódio, e é uma quantidade muito pequena.

A Fissão Nuclear

Nas reações nucleares, o valor absoluto da variação $\Delta m_0/m_0$ pode ser maior do que os que se encontram nas reações químicas até por um fator de 10^7 (dez milhões). Nos casos mais bem sucedidos, pode-se chegar a $\Delta m_0/m_0 \approx 10^{-3}$. No decaimento de uma única partícula, esta variação fracionária pode ser ainda maior. Esses

---

[18]A. Giambattista, B. M. Richardson, and R. C. Richardson, *College Physics* (McGraw-Hill, Boston, 2004), p. 968.

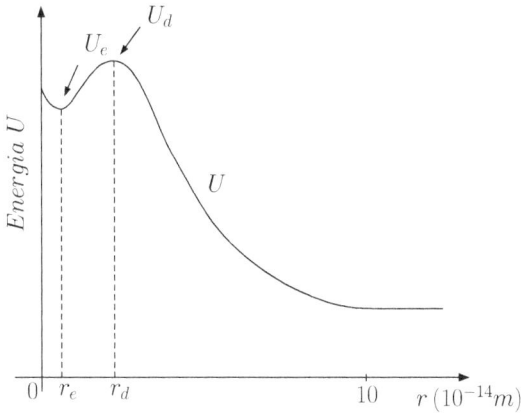

Figura 3.1: Energia potencial do sistema como função da separação r dos fragmentos de fissão na reação nuclear do urânio.

grandes valores que se encontram na física nuclear e também na física de partículas são um reflexo das interações nucleares entre as partículas elementares, que são muito mais intensas do que aquelas envolvidas nas reações químicas.

Um exemplo muito importante da ação dessas forças nucleares se encontra no processo de *fissão nuclear*. Simbolicamente, esse processo pode ser representado como[19]:

$$F \longrightarrow f_1 + f_2,$$

em que F representa o núcleo de um átomo como, por exemplo, o urânio, que se divide por fissão em dois núcleos menores, f_1 e f_2, que são os fragmentos de fissão.

Uma análise mais detalhada pode ser feita se considerarmos a energia potencial do núcleo como função da separação entre as suas partes constituintes, como o que se representa na Fig. 3.1. Podemos imaginar que haja dois núcleos f_1 e f_2 de cargas positivas, cada um

---

[19] R. M. Eisberg and L. S. Lerner, *Physics: Foundations and Applications* (McGraw-Hill, New York, 1981), Vol. 2.

contendo uma massa que é cerca da metade da massa de repouso e metade da carga do núcleo do átomo de urânio.

Por simplicidade, usemos um sistema de referência no qual um dos fragmentos esteja na origem do sistema de coordenadas e o outro esteja a uma distância r da origem. Inspecionando a região à direita da Fig. 3.1, constatamos que, quando os dois fragmentos estão distantes um do outro, a energia é positiva, mas ainda baixa. Nessa situação, há uma repulsão elétrica entre os núcleos que varia com o inverso do quadrado da separação, ou seja $1/r^2$. A energia de repulsão aumenta à medida que a separação diminui.

Quando a distância entre os núcleos é muito pequena, f_1 e f_2 se sobrepõem e começam a atrair-se como consequência da *força nuclear forte* que, naquela posição, começa a se fazer sentir. A força nuclear forte e a força nuclear fraca têm um raio de ação muito curto.

A força nuclear forte se torna repulsiva se a distância entre os constituintes é muito pequena. Os nêutrons e os prótons de f_1 e f_2 interagem por meio da força nuclear forte. Quando a distância entre eles é menor do que $r_d (\approx 10^{-14}$ m), a força – que é atrativa – faz com que a energia potencial diminua; como f_1 e f_2 continuam a se aproximar, a interação se torna repulsiva e a energia potencial começa de novo a crescer. Nesse cenário, conseguimos compreender por que U passa por um máximo, quando $r = r_d$, a um mínimo, quando $r = r_e$.

Se, agora, ao núcleo se fornece uma energia extra, quando um fragmento se encontra na posição r_e (mínimo) e se essa energia é suficiente para superar a barreira $(U_d - U_e)$ – chamada de barreira de fissão – , o núcleo que receber esta energia extra terá uma energia maior do que a sua energia potencial; a diferença pode ser a energia cinética dos dois fragmentos separados. Como a energia é grande, é dividida entre os dois núcleos e esses se tornam livres, com alta energia.

No átomo de $^{235}_{92}$U essa diferença de energia, que é de cerca $0,1 \times 10^{-11}$ J, pode ser fornecida por um nêutron lento em movimento. Como o nêutron não é carregado pode mover-se livremente no interior carregado do núcleo de urânio.

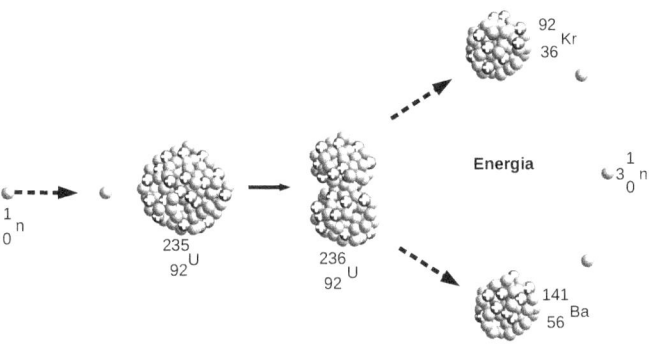

Figura 3.2: Ilustração típica do decaimento do átomo de $^{235}_{92}$U com o auxílio de um nêutron lento, que incide sobre o átomo.

Quando o nêutron atinge a superfície do átomo, a força nuclear forte pode puxá-lo sempre mais para o interior (pois é uma força atrativa) fazendo com que a sua energia cresça. O valor dessa energia é precisamente $0,1 \times 10^{-11}$ J. Assim, o núcleo capturou um nêutron e tornou-se o $^{236}_{92}$U. Começa a fissão, como ilustrada na Fig. 3.2.

Nesse processo do urânio-235, os fragmentos são o $^{92}_{36}$Kr e o $^{141}_{56}$Ba. Cada fragmento, por sua vez, libera uma média de um nêutron, mais o nêutron que foi fornecido ao sistema. Tipicamente, daqueles dois novos nêutrons, um se perde (por exemplo, dentro do reator); o outro sofre colisões e se retarda. Eventualmente, esse nêutron atinge um núcleo de $^{235}_{92}$U e dispara um novo processo de fissão. É esta a chamada *reação em cadeia* (Fig. 3.3). Assim, o processo se repete.

Convém determinar o decréscimo na massa de repouso total de um sistema que inicialmente é formado por um átomo de $^{235}_{92}$U, juntamente com um nêutron lento (ou seja, de energia cinética desprezível) momentos antes de atingir o átomo, e que consiste finalmente de dois fragmentos de fissão separados espacialmente, mas que não emitiram ainda os nêutrons.

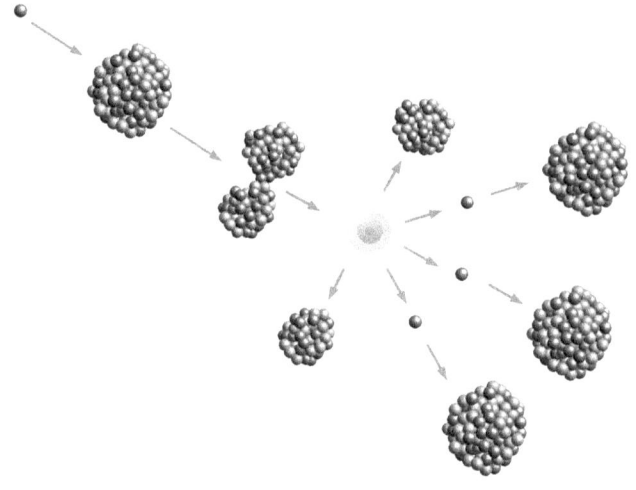

Figura 3.3: Ilustração do fenômeno de reação em cadeia. Os nêutrons que são liberados no processo de fissão podem ser usados para disparar novos processos de fissão.

Admitamos que a energia cinética total do sistema seja $E = 0$ quando $U = 0$; então $E = U_d = 3,3 \times 10^{-11}$ J. No sistema final, os fragmentos de fissão compartilham uma energia cinética total $K = U_d$. Sabe-se que essa energia é originária da energia de repouso e, portanto, podemos escrever:

$$\Delta m_0 c^2 = -U_d = -3,3 \times 10^{-11} \text{ J}.$$

Assim, determinamos que a perda de massa de repouso pode ser escrita sob a forma:

$$\Delta m_0 = -\frac{3,3 \times 10^{-11} \text{ J}}{(3,0 \times 10^8 \text{ m/s})^2} = -3,7 \times 10^{-28} \text{ kg}.$$

Contudo, a massa de repouso total, inicialmente, era:

$$m_0 = 236 \, u = 236 \times 166 \times 10^{-27} \text{ kg} = 3,9 \times 10^{-25} \text{ kg}.$$

Desse modo, a variação fracionária da massa será:

$$\frac{\Delta m_0}{m_0} = -\frac{3,7 \times 10^{-28}\,\text{kg}}{3,9 \times 10^{-25}\,\text{kg}} \approx -10^{-3}.$$

Este valor deve ser comparado com o valor obtido em uma reação química, que é da ordem de 10^{-10}, como vimos antes. Se considerarmos a energia produzida em joules, quando se queima um quilo de carvão para o churrasco, podemos dizer que a central nuclear é mais eficiente do que uma central de carvão ou de petróleo por um fator de 10^7 (dez milhões).

Uma *central nuclear* é usada de fato para transformar essa energia de modo a fazê-la chegar às casas e às indústrias. O processo pode ser usado também para gerar energia para os aviões, para os submarinos, para produzir isótopos usados no tratamento do câncer, etc.

Um *reator nuclear* é um dispositivo no qual a fissão ocorre continuamente com o propósito de produzir energia térmica e, assim, acionar uma central elétrica. O combustível é formado pelos átomos pesados que sofrem a fissão quando absorvem nêutrons dentro de um recipiente, que é o reator. Esses nêutrons disparam a reação em cadeia. Cada vez que um átomo se divide, libera energia na forma de calor, como descrito antes. Essa energia térmica é extraída do reator por meio da água que, em seguida, é usada para mover uma turbina. Em poucas palavras, o reator nuclear e a central nuclear são fontes de calor exóticas.

A Fusão Nuclear

> *...l'amor che move il sole e l'altre stelle.*
> *(Dante, Paradiso* **XXXIII**, *145).*

Na *fusão nuclear* dois núcleos mais leves (como o hidrogênio) se combinam para formar um núcleo maior (como o hélio). No processo, energia é liberada porque a massa de repouso total do núcleo formado é menor do que a soma das massas de repouso dos núcleos separadamente. O processo, desse modo, libera energia de ligação.

A fusão nuclear está na base do processo de nucleossíntese estelar, presente no coração das estrelas e que as faz queimar. Prótons (^{1}H) são queimados para formar hélio (He^4). A energia liberada para cada átomo de hélio pode ser calculada por meio do balanço (ciclo de Bethe) na variação da massa de repouso:

$$^1H +\,^1H +\,^1H +\,^1H + 2m_e - M(He^4) = \Delta m \approx 50\, m_e.$$

em que $2\,m_e$ indica a massa dos dois elétrons que formam o átomo de hélio. O resultado acima pode ser usado novamente na equação de Einstein e, assim,

$$\Delta E = \frac{\Delta m}{c^2} \approx 25\text{ MeV}.$$

Resumindo, podemos dizer que da fusão nuclear se obtém uma enorme quantidade de energia, devida ao defeito de massa: uma vez que os dois átomos se fundem, a massa resultante não é mais igual à soma das massas dos dois núcleos, mas é menor. A diferença entre a soma das massas de partida e a massa final se converteu em energia, de acordo com a lei de Einstein.

A temperatura no centro do Sol é de cerca 2×10^7 K (vinte milhões de graus). A sequência das reações nucleares de fusão em uma estrela é complexa, mas crê-se que a essa temperatura os processos nucleares sejam dominados por um conjunto de reações do tipo ilustrado abaixo[20]:

$$\begin{aligned}^1H + p &= {}^2H + e^+\text{neutrino}\\ ^2H + p &= {}^3He + \gamma\\ ^3H + {}^3H &= {}^4He + 2\,{}^1H.\end{aligned}$$

O efeito líquido desse processo é a queima de hidrogênio para a produção de ^{4}He. No processo, uma partícula como o neutrino é emitida no primeiro estádio, transformando, assim, o Sol em uma grande fonte de neutrinos.

A central de fusão nuclear se baseia no princípio da fusão de dois átomos leves, geralmente o trítio e o deutério, que produz uma

---

[20]C. Kittel, W. D. Knight, and M. A. Ruderman, *op. cit.*, p. 377.

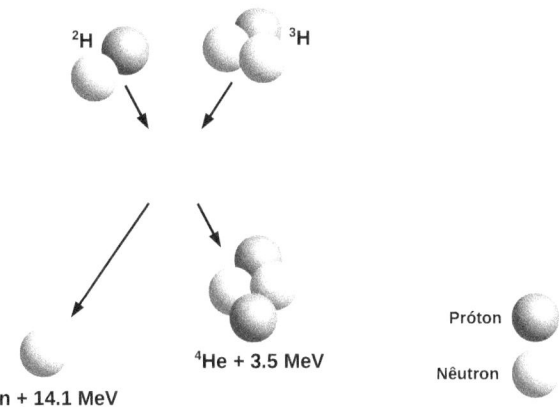

Figura 3.4: Ilustração típica do processo de fusão do deutério e do trítio, resultando na produção de uma partícula α, ^{4}He, um nêutron, n, e energia.

quantidade enorme de energia. A reação mais provável é aquela que ocorre entre um núcleo de deutério e um núcleo de trítio, reação na qual se gera um núcleo de hélio (partícula alfa) e um nêutron, como se vê na Fig. 3.4. Nessa reação, a massa conjunta dos produtos é inferior à massa das partículas interagentes e se verifica liberação de energia de acordo com o princípio de equivalência massa-energia que estamos discutindo.

Para compreendermos melhor o que ocorre, temos de nos recordar que são conhecidos três isótopos do hidrogênio: o hidrogênio propriamente dito (^{1}H), o deutério (^{2}H) (ou D) e o trítio (^{3}H) (ou T). Os núcleos de todos eles contêm um próton, o que os caracteriza como formas do elemento hidrogênio; o núcleo do deutério contém, além disso, um nêutron enquanto que o do trítio contém dois nêutrons. Em todos os casos, o átomo neutro tem apenas um elétron fora do núcleo para compensar a carga do único próton. Dois núcleos colocados a uma distância mínima (um quatrilionésimo de metro) tendem a fundir-se sob a ação da força nuclear, liberando energia.

O processo de fusão é, porém, dificultado por uma outra força, a eletrostática. Essa força é causada pela carga positiva dos prótons, o que os leva a se repelirem. Para superar a barreira eletrostática, os núcleos devem ser levados a um estado de excitação que pode ser atingido somente a altíssimas temperaturas (100 milhões de graus), de modo tal a provocar o movimento dos núcleos e, portanto, colisões entre eles (ou seja, a fusão deles). As tentativas de se fazer a fusão a frio não foram bem sucedidas até agora e o seu anúncio não é digno de crédito.

A beleza desse processo de fusão é tão evidente quanto a sua importância.

A fusão nuclear nos oferece a possibilidade de dispormos de uma fonte inesgotável de energia, que poderia resolver os problemas energéticos que afligem a humanidade. As dificuldades, porém, são muito sérias para se obter eficiência no processo, além do fato de as temperaturas requeridas para a operação serem muitos elevadas.

Para terminar, agrada-me pensar na importância humana desse processo característico das estrelas, quando olhamos o céu noturno. Eis o que disse um especialista em astrofísica a respeito do papel da nucleossíntese em geral[21]:

> Cada átomo do seu corpo provém de uma estrela que explodiu. Os átomos da sua mão esquerda provêm de uma estrela diferente dos átomos de sua mão direita. É verdadeiramente a coisa mais poética que eu conheço em física: vocês são todos poeira de estrela. Vocês não estariam aqui se as estrelas não tivessem explodido, porque os elementos – o carbono, o nitrogênio, o oxigênio, o ferro, todas as coisas que importam para a evolução da vida – não foram criadas no início do tempo. Elas foram criadas na fornalha das estrelas, e a única maneira encontrada para chegarem ao seu corpo foi porque as estrelas foram suficientemente gentis para explodirem... As estrelas morreram e por isso

---

[21] Lawrence Krauss, *speech at Conway Hall*, London on Sunday 16 October 2012.

vocês estão aqui, hoje. [...] Os átomos na sua mão esquerda provêm de uma estrela diferente daqueles na sua mão direita porque 200 milhões de estrelas tiveram de explodir para formar os átomos do seu corpo.

3.4 A Equação que Mudou o Mundo?

A equação que foi objeto de nossa análise é comumente associada à criação da bomba atômica. Esta convicção é reforçada por uma famosa carta que Einstein escreveu ao presidente dos Estados Unidos, Franklin Roosevelt, em agosto de 1939, advertindo-o acerca da possibilidade de "bombas extremamente poderosas de um novo tipo"[22]:

> Senhor Presidente, a leitura de alguns trabalhos recentes de E. Fermi e de L. Szilard, que me foram comunicados sob forma manuscrita, me induz a acreditar que, em breve, o urânio possa dar origem a uma nova e importante fonte de energia [...] Nos últimos quatro meses, graças aos estudos de Joliot na França e de Fermi e Szilard na America, tornou-se sempre mais consistente a hipótese de que, utilizando-se uma adequada massa de urânio, se possa provocar uma reação nuclear em cadeia, com uma enorme produção de energia e formação de um grande número de novos elementos semelhantes ao rádio: não há dúvida que isso se poderá realizar em breve. Desse modo, se poderia chegar à construção de bombas que – é de se supor – serão de tipo novo e extremamente poderosas. Uma só dessas, transportada por mar e explodindo em um porto, poderia destruir o porto inteiro e parte do território circundante.

Mas a história – como usual – é sempre mais complexa.

E começa antes, com a descoberta da transmutação dos elementos químicos, feita por Ernest Rutherford (1871 – 1937) e o seu estudante Frederick Soddy (1877 – 1956), que, por sua vez, fazia parte de um certo número de descobertas que consolidaram o estudo da física na virada entre os séculos XIX e XX.

---

[22] Disponível no sítio http://docs.fdrlibrary.marist.edu/psf/box5/a64a01.html

Em novembro de 1895, W. Röntgen (1845 – 1923) descobriu os raios X; em 1896, A. H. Becquerel (1852 – 1908) encontrou a radioatividade durante o estudo dos sais de urânio. Em 1897, como vimos, J. J. Thomson descobriu o elétron; ele foi também o orientador de Rutherford, em Cambridge. A descoberta de Rutherford e Soddy ocorreu depois dos trabalhos pioneiros de Pierre Curie (1859 – 1906) e Marie Curie (1867 – 1934), que descobriram novos elementos químicos, o polônio e o rádio.

Marie Curie tinha estabelecido também que a capacidade radioativa encontrada nesses elementos não dependia de uma particular disposição dos elementos na molécula, mas sim de alguma coisa que acontecia no interior do próprio átomo.

Nessa perspectiva, a descoberta da lei de decaimento radioativo de Rutherford e Soddy tornava quantitativo o estudo desses fenômenos e desvelava uma potencialidade insuspeita nessa nova fronteira da matéria. No trabalho publicado em 1902, eles se surpreendem com a intensidade do fenômeno que haviam observado[23]:

> A energia da transformação radioativa deve ser portanto ao menos vinte mil vezes, e pode ser um milhão de vezes, maior do que a energia de qualquer transformação molecular.

E, em outra parte do trabalho, afirmam:

> [...] a energia total da transformação radioativa [...] pode ser somente uma porção da energia interna do átomo, porque a energia dos produtos resultantes é conhecida. Todas essas considerações apontam para a conclusão de que a energia latente no átomo deve ser enorme se comparada à energia liberada na transformação química ordinária. Os elementos (radioelementos) não diferem dos outros elementos no seu comportamento químico e físico [...] não há uma razão para se admitir que essa reserva enorme de energia seja somente uma propriedade dos radioelementos.

E a conclusão deles é ainda mais transparente:

---

[23] E. Rutherford and F. Soddy, *On Radioactive Change*, Philosophical Magazine Series **6**, 5:29, 576-591 (1903)

> A existência dessa energia [...] deve ser levada em consideração em física cósmica. A manutenção da energia solar, por exemplo, não apresenta mais qualquer dificuldade fundamental se a energia interna dos elementos que o compõem pode ser considerada disponível, isto é, se os processos subatômicos continuam a ocorrer.

Assim, não pode haver dúvidas de que os desenvolvimentos necessários para a criação de um artefato como a bomba atômica começaram em períodos anteriores à proposta da famosa equação de Einstein. O que se pode seguramente afirmar é que a equação de Einstein permite fazer os cálculos da quantidade de energia que poderia ser liberada por uma bomba, por qualquer bomba nuclear, de fissão, como a bomba atômica, ou de fusão, como a bomba H.

A discussão da história de todo o esforço para se chegar à bomba está além dos objetivos deste trabalho, mas pode ser acompanhada por meio do livro que me inspirou a escrever estas páginas, como se disse no Prefácio. Podemos, para completar a reflexão, apresentar as linhas gerais desse desenvolvimento por meio de uma sequência resumida dos passos e das contribuições fundamentais[24].

Partimos da descoberta do nêutron, em 1932. Como vimos antes, a partícula subatômica neutra pode incidir sobre núcleos carregados sem ser perturbada pelas forças de repulsão de natureza eletrostática. As pesquisas de Enrico Fermi (1901 – 1954) e seus colaboradores em Roma, em 1934, chamaram a atenção de Otto Hanh (1879 – 1968) e Fritz Strassman (1902 – 1980), em Berlim. Com a colaboração indispensável de Lise Meitner (1878 – 1968) e de seu sobrinho, Otto Frisch (1904 – 1968), eles compreenderam que aquilo que ocorria era justamente a fissão nuclear, ou seja, que os átomos – em contradição com aquilo que diz o próprio nome – podem ser divididos!

O notável cientista dinamarquês Niels Bohr (1885 – 1962) tinha ouvido falar dessa descoberta e, enquanto se encontrava em Princeton, nos Estados Unidos, discutiu o fenômeno da fissão nuclear, apontando para a importância do urânio-235 no processo de

---
[24]J. Baggott, *The Quantum Story - A History in 40 Moments* (Oxford University Press, Oxford, 2011), pp. 159-167.

criar uma bomba. Mas também os alemães tinham ouvido falar a respeito e agiram rapidamente: em abril de 1939, o *Reich Bureau of Standards* e o *German War Office* estabeleceram projetos de pesquisa nuclear. Em agosto do mesmo ano, Einstein escreveu a Roosevelt a carta de que falamos anteriormente. A guerra entre os aliados e a Alemanha foi declarada em setembro de 1939, depois da invasão da Polônia. Os projetos nucleares alemães se desenvolviam sob a guia do físico Werner Heisenberg (1901 – 1976).

Os esforços norte-americanos para a criação da arma atômica foram estimulados pela descoberta de que poucas libras de urânio-235 puro são suficientes para o desenvolvimento de uma bomba baseada na reação em cadeia. Uma massa comparável àquela de uma bola de golf (ainda que muito densa porque o urânio é pesado) bastaria.

O projeto norte-americano foi aprovado por Roosevelt em novembro de 1941, e se tornou o famoso Projeto Manhattan, quando o Exército norte-americano o tomou sob sua responsabilidade, em setembro de 1942. No mês seguinte, o físico J. Robert Oppenheimer (1904 – 1967) tornou-se diretor científico do projeto que terá a sua sede em Los Alamos, no Novo México. Poucos meses depois, o primeiro reator nuclear funcionou (sob a guia de Fermi) na Universidade de Chicago.

Bohr conseguiu escapar de Copenhague, ocupada pelos nazistas, com a ajuda do Serviço Secreto Inglês e chegou em Los Alamos em janeiro de 1943. Em 1941, ele havia encontrado pessoalmente o colega Heisenberg e se tinha convencido de que os alemães conseguiriam desenvolver a bomba sob a guia de Heisenberg. Este fato influenciou certamente os esforços dos cientistas que trabalhavam em Los Alamos.

Os físicos alemães não conseguiram desenvolver a bomba; não conseguiram sequer fazer funcionar um reator nuclear; eles se mostraram surpresos com o desenvolvimento tão bem sucedido nos Estados Unidos, quando foram capturados pelas Forças Aliadas, em maio de 1945.

O resto da história é muito conhecido. A bomba foi lançada sobre Hiroshima e Nagasaki em agosto de 1945. Pouco tempo depois, muitos dos físicos que contribuíram para a sua criação se arrependeram.

Ainda que muito famosa e conhecida, vale a pena reproduzir uma frase de Oppenheimer a respeito, que diz mais ou menos que "os físicos conheceram o pecado e este é um conhecimento que não poderão perder".

Se olharmos em retrospectiva todos os desenvolvimentos no século vinte e os esforços ligados à criação da bomba, podemos compreender por que a equação de Einstein – que funciona como símbolo de tudo isso – é não somente muito famosa, mas, de fato, mudou o mundo.

Epílogo

O ano admirável (miraculoso) de Einstein inspirou a Unesco a declarar 2005 como o ano internacional da física, cem anos depois. A escolha é uma confirmação ulterior da fertilidade daquele período em um campo específico da atividade científica – ainda que esse campo específico seja a física e, em particular, a física matemática.

Ainda na física, o século vinte nos apresentará uma outra revolução, concentrada sobretudo nos últimos anos da década de 1920, com a formulação da mecânica quântica de Bohr, Heisenberg, Schrödinger, Pauli e Dirac, somente para mencionar alguns dos grandes físicos fundadores desse campo.

A mecânica quântica é a mecânica do átomo, mas não somente. É também a mecânica das partículas que constituem os átomos, e é o paradigma no qual se desenvolve a moderna compreensão da estrutura da matéria.

Levando-se em conta os progressos da física no século vinte, pode-se pensar que o termo "física atômica", que se tornou muito forte e sinônimo de alguma coisa muito poderosa e pouco compreensível para os leigos, represente agora somente a descrição, até a um certo grau, de como vão as coisas em nível microscópico.

No século vinte, a física foi além desse grau de precisão, e nos permite construir um discurso coerente, tanto do ponto de vista teórico quanto do ponto de vista experimental, sobre os constituintes fundamentais da matéria. Os modelos teóricos – como, por exemplo, o modelo padrão das partículas –, e os resultados experimentais, como aqueles obtidos no *Large Hadron Collider*, em Genebra, levam o discurso a um nível de refinamento tal que o inteiro mundo material pode ser descrito em termos de umas poucas partículas, os quarks e os léptons.

Um olhar sobre esse cenário ampliado nos faz pensar que a frase de Oppenheimer, repetida até à exaustão no período do pós-guerra, ainda é emblemática e atual. A ciência levou o Ocidente ao domínio do mundo; sua filha dileta, a técnica, levou o homem a cometer o pecado de Prometeu.

Para reparar a incorreta distribuição dos dons feita por seu irmão, Epimeteu, Prometeu roubou dos deuses umas centelhas de fogo e, depois, foi correndo até aos homens para lhes anunciar que lhes dava o dom mais precioso. Talvez esse roubo dos deuses tenha um sentido ainda mais profundo, que vai além da descoberta dos meios para fabricar uma arma letal como a bomba.

Se quisermos, no sentido simbólico, esse fogo que foi roubado poderia ser relacionado com aquele a que se refere Heráclito, quando dizia: "Todas as coisas são trocadas em fogo e o fogo se troca em todas as coisas, como as mercadorias se trocam por ouro e o ouro é trocado por mercadorias"[25].

Segundo Heisenberg, o fogo em Heráclito podia ser substituído por energia e, sempre que essa substituição fosse possível, a energia se tornaria a substância com a qual seriam feitas todas as partículas elementares, os átomos e portanto todas as coisas; a energia seria também uma substância que move as coisas[26].

Além disso, a quantidade total dessa substância não muda e as partículas elementares são formadas pela energia, como acenamos

---

[25] *Umsatz findet wechselweise statt des Alls gegen das Feuer und des Feuers gegen das All, wie des Goldes gegen Waren und der Waren gegen Gold.* H. Diels, *Die Fragmente der Vorsokratiker* (Weidmannsche Buchhandlung, Berlin, 1903), p. 79. Fragmento 90, segundo a edição Diels-Kranz (DK). Inevitável, também, não pensar em Eliot, nos seus *Four Quartets*, IV: WE ONLY LIVE, ONLY SUSPIRE, CONSUMED BY EITHER FIRE OR FIRE.

[26] W. Heisenberg, *Física e Filosofia* (Editora da Universidade de Brasília, Brasília, 1981), trad. Jorge Leal Ferreira.

nos processos de criação e aniquilação de pares. A matéria tem origem quando a energia se converte na forma de uma partícula elementar.

Se as coisas são assim, então o fragmento de Heráclito adquire uma surpreendente atualidade, e pode ser repetido palavra por palavra no sentido mais moderno possível: todas as coisas são uma troca de energia, e a energia uma troca de todas as coisas, como as mercadorias são uma troca do ouro e ouro uma troca das mercadorias.

Desse modo, Prometeu foi um ladrão muito sábio porque roubou dos deuses o ouro com o qual o Universo material se fez.

E a nossa fórmula $E = mc^2$ é aquela que permite descobrir o fator de conversão desse ouro em alguma coisa de "material" e vice-versa. Evidentemente, o fator de conversão é a velocidade da luz no vácuo e a massa de um corpo é uma medida do seu conteúdo energético, assim como a energia é uma medida de sua massa inercial.

O matemático francês Jules-Henri Poincaré (1854 – 1912) dizia que quando queremos enunciar o princípio de conservação da energia em toda a sua generalidade, isto é, aplicando-o a todo o Universo, o seu sentido último nos escapa, e ficamos somente com a possibilidade de afirmar que alguma coisa, neste Universo, permanece constante[27].

Na perspectiva ampliada que consideramos aqui, o sentido profundo da conservação da energia continua eventualmente a nos escapar, mas agora vem acrescido da descoberta da equivalência entre massa e energia.

Aquela "alguma coisa" que permanece constante no Universo é a massa-energia e, no seio dessa quantidade que não muda, a fórmula de Einstein nos desvela como sucedem as contínuas conversões da energia em matéria e da matéria em energia.

---

[27]J. H. Poincaré, *A Ciência e a Hipótese* (Editora da UNB, Brasília, 1984), p. 108, trad. Maria Auxiliadora Kneipp.

Agradecimentos

Agradeço a alguns amigos, físicos, que leram a versão preliminar deste trabalho e me brindaram com os seus gentis comentários e críticas: Paolo Pasini (INFN - Bolonha, Itália), Giovanni Barbero e Alfredo Strigazzi (Politécnico di Torino, Itália) e Rodolfo Teixeira de Souza (UTFPR – Apucarana), que também me ajudou a finalizar a versão LaTeX do manuscrito.

Agradeço a Francesca di Nunzio (Campobasso) pela leitura diligente destas páginas e por suas sugestões para melhorá-las.

Agradeço aos meus alunos de História da Física Moderna (UEM) pela adesão ao projeto de transformar a obra, originalmente escrita em língua italiana, em um texto em português destinado a servir como apoio para uma parte do curso, mesmo se escrito para uma audiência menos especializada. Agradeço, nesse particular, os esforços inestimáveis de Bruna Vallin Simão e Patrícia Aparecida Gali.

Agradeço a Michely P. Rosseto o diligente trabalho com as figuras e a sua dedicação ao texto, valorizando-o e melhorando-o com suas inestimáveis sugestões.

Evidentemente, nenhuma dessas pessoas é responsável pelas imperfeições do texto final.

ÍNDICE

aceleração
    gravidade, 56, 83
acelerador de Cockroft-Walton, 43
antipróton, 50
Arago, François, 88
Arrhenius, Svante, 16
Avogadro, número de, 23, 25, 26

barreira de fissão, 98
Becquerel, Antoine Henri, 106
Bernoulli, Johann, 53, 54
Bohr, Niels, 107, 108
Boltzmann
    Constante de, 21, 22
Boltzmann, Ludwig, 19–21, 26
bomba atômica, 105, 107
British Association for the Advancement of Science, 68, 69
Brown, Robert, 17

cálculo infinitesimal, 55

calórico, teoria do, 49, 50, 75, 78
calor
    específico, 66
    latente, 76
    sensível, 76
calor, natureza do, 67, 76, 78
Cambridge, Universidade de, 78
Carnot, Lazare, 54–56
Carnot, Sadi, 54, 69, 70, 79
Centro de Estudos Molisano, 7
centro de gravidade, 55
Cockroft, John D., 43
coeficiente de viscosidade, 22
Colding, Ludwig August, 70
Compton, Arthur Holly, 16
conservação
    energia, 8, 9, 20, 44, 51, 52, 54, 59, 60, 63, 69–73, 75, 77–79, 86, 95, 113

massa, 8, 9, 44, 45, 47, 50, 51, 86, 93
Conservação da massa, 47
contração de Lorentz-Fitzgerald, 35, 36
Coriolis, Gaspard-Gustave, 55–58, 74
Coulomb, Charles Augustin, 54
Curie, Marie, 106
Curie, Pierre, 106

d'Alembert, Jean le Rond, 54
dêuteron, 93, 94
Dalton, John, 19, 64
difusão, 12, 22–24
Dirac, Paul Maurice Adrien, 111
Duhem, Pierre, 19, 20

Efeito Doppler, 39
efeito fotoelétrico, 13, 14, 16, 17
Einstein, Albert, 7–9, 11–17, 21–23, 25–27, 29–32, 37–43, 51, 83, 94, 102, 105, 107–109, 111, 113
elétron, 14, 15, 50, 51, 85, 94, 95, 102, 103, 106
elétron-volt, 85
eletrodinâmica de Maxwell, 12, 16, 27, 29, 30, 32, 38, 39
Eliot, Thomas Sterns, 112
energetismo, 19, 20
energia

cinética, 14, 15, 41, 42, 44, 54, 55, 58, 69, 74, 77, 85, 86, 92, 94, 96, 98–100
potencial, 69, 77, 79, 84, 86, 97, 98
energia de ligação, 51, 94, 96, 101
entropia, 15, 21
equilíbrio térmico, 21
equipartição, teorema da, 21
equivalência
    calor e trabalho, 59, 60, 70
    massa e energia, 9, 39, 43, 44, 51, 81, 103, 113
equivalente mecânico, 54, 63, 65–67, 69, 73, 75, 76

Fahrenheit, Daniel Gabriel, 66
Faraday, Michael, 71, 78
Fermi, Enrico, 105, 107
fissão, 9, 96, 97, 99–101, 107
Fizeau, Armand Hyppolyte Louis, 90
flogisto, 47–49
fluido ou matéria sutil (éter), 13, 19, 27, 30, 32, 38, 50, 76
força nuclear forte, 98, 99, 104
Foucault, Jean Bernard Léon, 91
Fresnel, Augustin, 88, 90
Frisch, Otto, 107
função de trabalho, 15
fusão, 9, 95, 101–104, 107

Galilei, Galileu, 46, 88
Grimaldi, Francesco Maria, 87
Grove, William Robert, 71

Habicht, Conrad, 11, 22
Hallwachs, Wilhelm, 14
Hanh, Otto, 107
Heisenberg, Werner, 108
Helmholtz, Hermann von, 70–79
Herschel, John Frederick William, 71
Hertz, Heinrich Rudolf, 13, 14
hidrogênio, 51, 93, 101–103
Hirn, Gustave-Adolphe, 70
Hobbes, Thomas, 87
Holtzmann, Karl, 70
Huygens, Christiaan, 53, 87

irreversibilidade, 21

Joule, James Prescott, 59, 64–72, 76–79
Joule-Thomson, efeito, 69

Kirchhoff, Gustav Robert, 72
Klein, Felix, 39
Kuhn, Thomas, 51

léptons, 112
Langevin, Paul, 21
Lavoisier, Antoine Laurent, 45–47, 49, 50
Leibniz, Gottfried Wilhelm, 20, 53, 71, 74, 77
Lennard, Phillip, 14
Lenz, Heinrich, 76
Lewis, Gilbert Newton, 16

LHC – Large Hadron Collider, 85, 86, 112
Liebig, Justus von, 61, 70
Loschmidt, Joseph, 26
Lua, 51
Lucrécio Caro, Tito, 18

máquinas térmicas, 59
Mach, Ernst, 19
massa
    gravitacional, 83
    inercial, 9, 81–84, 86, 92, 113
    própria, de repouso, 84, 85, 93, 94, 96, 98–102
Maxwell, James Clerk, 78
Mayer, Julius Robert, 20, 59–64, 66, 68, 70–72, 77, 78
mecânica
    estatística, 12, 13, 15, 21, 26
    quântica, 12, 17, 111
    racional, 20, 58
Meitner, Lise, 107
Meyer, Lothar, 50
Michelson, Albert A., 91
Minkowski, Hermann, 37, 38
Mohr, Karl Friedrich, 70
momento de atividade (trabalho), 55, 56
momento, quantidade de movimento, 81, 84, 85
movimento browniano, 12, 17, 18, 21–23, 25

nêutron, 93, 94, 98, 99, 103, 107
Navier, Claude Louis, 58
Needham, John T., 17
neutrino, 102
Newton, Isaac, 45, 46

Oppenheimer, J. Robert, 108, 109, 112
Ostwald, Wilhelm, 20
Ostwald, William, 19
oxidação, 47
oxigênio, 47, 49, 60

pósitron, 50, 94
Pauli, Wolfgang, 111
Perrin, Jean Baptiste, 25, 26
Planck
    Constante de, 22
Planck, Max, 13, 15, 16, 21
Poggendorff, Johann C., 61
Poincaré, Jules-Henri, 113
postulados da relatividade, 30–32
próton, 50, 85, 86, 93, 94, 103
Priestley, Joseph, 49
Princípio de Equivalência, 83
princípio de mínima ação, 73
Princípio de Relatividade
    Einstein, 32
    Galileu, 27, 28, 39
probabilidade, 21
Projeto Manhattan, 108

quantum, quanta
    de ação, 16
    de luz, 12, 13, 15, 16, 94

quarks, 112

Röntgen, Wilhelm Conrad, 106
radiação de corpo negro, 13, 15
radiação gama, 94
raios catódicos, 14
Rankine, William John Macquorn, 19, 58, 62, 78, 79
Righi, Augusto, 14
Roemer, Ole, 89, 90
Royal Institution, 64
Royal Society, 65, 77, 78
Rumford, Benjamin, Conde de, 66, 67
Rutherford, Ernest, 105

Séguin, Marc, 70, 71
Sarton, George, 59, 62, 66
Schrödinger, Erwin, 111
simultaneidade, 31
SLAC – Stanford Linear Accelerator, 85
Smoluchowski, Marian von, 21, 25
Soddy, Frederick, 105
Sol, 51, 102
Strassman, Fritz, 107
Szilard, Leo, 105

tabela periódica, 51
teorema do trabalho – energia cinética, 54, 58
teoria da relatividade
    especial, 8, 12, 27, 32–35, 37, 39, 42, 43, 50, 92

geral, 42, 83
Terra, 26, 51
Thomson, Joseph John, 14, 106
Thomson, William (Lord Kelvin), 68, 69, 78
Torricelli, axioma de, 53, 55
trabalho, 15, 53, 54, 56–59, 65, 70, 73, 74, 77, 79
transformações
    Galileu, 30, 33, 35
    Lorentz, 34–38
Tyndall, John, 64

urânio, 42, 97–99, 105–108

Varignon, Pierre, 53, 54
velocidade da luz, 7–9, 29, 32, 33, 35, 39, 42–44, 51, 85, 86, 88–91, 96, 113
velocidade limite, 35
vis viva, força viva, 52, 54–58, 73–75
von Gleichen, Wilhelm Friedrich, 17
von Laue, Max, 15

Walton, Ernest T. S., 43

Young, Thomas, 88